测量放线

主　编　朱莉宏　李井永
副主编　张　娜　王　胜

清华大学出版社
北京交通大学出版社
·北京·

内 容 简 介

本书是以建设部颁布的测量放线工职业技能标准和岗位鉴定规范为依据，结合当前土建类职业教育人才培养模式和工学结合课程改革的实际编写而成。本书力求科学性与实用性结合，知识能力与专业能力、社会能力协调。全书分6章，主要内容有施工测量的基本知识、水准测量、角度测量、距离测量、施工测量的基本方法、施工测量，并附有测量仪器检修的设备、工具和材料，测量仪器的维护和保养，施工测量放线方案实例，施工测量记录和报验用表，测量放线工职业技能岗位标准。

本书按照现行最新的标准、规范、规程编写。在内容组织上以必需、够用为原则，简化理论推导，注重实用性和实践性。

本书可作为土建类高职高专和应用型本科教材，也可作为土建技术人员和管理人员学习参考、岗位培训教材或参考书。

图书在版编目（CIP）数据

测量放线 / 朱莉宏，李井永主编. —北京：北京交通大学出版社 ：清华大学出版社，2014.8

ISBN 978-7-5121-2070-9

Ⅰ.① 测…　Ⅱ.① 朱…　② 李…　Ⅲ.① 建筑测量-中等专业学校-教材　Ⅳ.① TU198

中国版本图书馆 CIP 数据核字（2014）第 200713 号

责任编辑：解　坤
出版发行：清 华 大 学 出 版 社　　邮编：100084　　电话：010-62776969
　　　　　北京交通大学出版社　　邮编：100044　　电话：010-51686414
印 刷 者：北京艺堂印刷有限公司
经　　销：全国新华书店
开　　本：185×260　　印张：9.75　　字数：243 千字
版　　次：2014 年 9 月第 1 版　　2014 年 9 月第 1 次印刷
书　　号：ISBN 978-7-5121-2070-9/TU·131
印　　数：1 ～ 2 500 册　　定价：28.00 元

本书如有质量问题，请向北京交通大学出版社质监组反映。对您的意见和批评，我们表示欢迎和感谢。
投诉电话：010-51686043，51686008；传真：010-62225406；E-mail：press@bjtu. edu. cn。

前　　言

近年来国家大力扶持高职高专、应用型本科等各层次的职业教育，现已初具规模。随着职业教育教学改革的不断深入，适应土建类专业高级实用性人才对建筑施工测量知识的需要，所有编者经过精心规划、仔细调研，以多年的施工测量教学和实践经验为基础，对建筑施工测量知识进行重新组织梳理，参照各种相关规范编写了《测量放线》教材。

本书在编写过程中参考了工程测量的新标准和新规范，知识面广，具有较强的教学适用性和专业适应面。内容组织以必需、实用和够用为原则，突出课堂教学的实践性和就业岗位的实用性，如取消了地形图测绘及应用部分，而对施工测量方面的知识进行了细化，突出可操作性，力求体现职业教育特点。本书知识讲解深入浅出，淡化理论推导，注重以实例、示例说明问题。每章后有“教学小结”，并附有“思考题与习题”。

本书由辽宁建筑职业学院朱莉宏、李井永任主编，张娜、王胜任副主编。具体分工为：朱莉宏编写第三章、第四章、第六章，负责统稿、书稿的初审及版面的初步规划等工作；李井永编写第二章、第五章；张娜编写第一章；王胜整理附录部分。辽宁科技大学学生徐子健负责本书的绘图、初审和校验。

在本书编写的过程中，得到了辽宁建筑职业学院领导的鼓励和支持，全体编者再次表示深切的谢意。本书编写中参阅了一些院校编写的教材，在参考文献中一并列出。

由于编者水平有限，书中缺点和错误在所难免，敬请同行和读者及时指正，以便再版时修订。

编　者

2014 年 7 月

目　　录

第一章　施工测量的基本知识 ……(1)
第一节　概述 ……(1)
一、施工准备阶段 ……(1)
二、施工阶段 ……(1)
三、竣工阶段及变形观测 ……(1)
第二节　地面点位的确定 ……(2)
一、测量的基准面和基准线 ……(2)
二、地面点位的确定 ……(2)
第三节　测量误差的基本概念 ……(6)
一、产生误差的原因 ……(6)
二、误差分类 ……(6)
三、衡量测量精度的标准 ……(8)
第四节　有关施工测量的法规和规范 ……(10)
一、中华人民共和国测绘法 ……(10)
二、中华人民共和国计量法 ……(10)
三、《工程测量规范》(GB 50026—2007) ……(10)
四、《建筑施工测量技术规程》(DB11/T 446—2007) ……(11)
教学小结 ……(12)
思考题与习题 ……(13)
第二章　水准测量 ……(15)
第一节　水准测量原理 ……(15)
一、高差法 ……(15)
二、视线高法 ……(16)
第二节　普通水准仪的认识与使用 ……(17)
一、DS_3 型微倾水准仪 ……(17)
二、水准尺和尺垫 ……(20)
三、水准仪的使用 ……(21)
四、自动安平水准仪 ……(23)
第三节　水准测量观测、记录与计算 ……(25)
一、水准点(BM) ……(25)
二、水准测量测站的基本工作 ……(26)
三、水准测量记录 ……(26)
四、水准测量的成果检核 ……(30)
五、点的高程位置测设 ……(32)

六、水准测量的注意事项 …………………………………………………… (33)
第四节 普通水准仪的检验 …………………………………………………… (34)
一、水准仪的轴线及其应满足的条件 …………………………………………… (34)
二、水准仪的检验与校正方法 ………………………………………………… (35)
教学小结 ………………………………………………………………………… (37)
思考题与习题 …………………………………………………………………… (38)
第三章 角度测量 ……………………………………………………………… (42)
第一节 角度测量原理 ………………………………………………………… (42)
一、水平角测量原理 …………………………………………………………… (42)
二、竖直角测量原理 …………………………………………………………… (43)
第二节 普通经纬仪的认识与使用 …………………………………………… (43)
一、光学经纬仪的构造 ………………………………………………………… (43)
二、光学经纬仪的读数方法 …………………………………………………… (46)
三、经纬仪的使用 ……………………………………………………………… (48)
第三节 角度观测与记录 ……………………………………………………… (50)
一、水平角观测与记录 ………………………………………………………… (50)
二、竖直角观测与记录 ………………………………………………………… (53)
三、电子经纬仪测量水平角（测回法） ………………………………………… (56)
四、测设水平角 ………………………………………………………………… (56)
五、角度观测注意事项 ………………………………………………………… (57)
第四节 普通经纬仪的检验 …………………………………………………… (58)
一、经纬仪应满足的几何条件 ………………………………………………… (58)
二、照准部水准管轴垂直于竖轴的检验 ……………………………………… (59)
三、十字丝竖丝垂直于横轴的检验 …………………………………………… (59)
四、望远镜视准轴垂直于横轴的检验 ………………………………………… (59)
五、竖盘指标差的检验 ………………………………………………………… (60)
教学小结 ………………………………………………………………………… (60)
思考题与习题 …………………………………………………………………… (61)
第四章 距离测量 ……………………………………………………………… (63)
第一节 钢尺量距 ……………………………………………………………… (63)
一、钢尺的性质和检定 ………………………………………………………… (63)
二、钢尺量距 …………………………………………………………………… (64)
三、钢尺量距注意事项 ………………………………………………………… (68)
第二节 视距测量 ……………………………………………………………… (68)
一、视距测量的基本原理 ……………………………………………………… (68)
二、视距测量的施测方法 ……………………………………………………… (70)
三、视距测量注意事项 ………………………………………………………… (71)
第三节 光电测距 ……………………………………………………………… (71)
一、光电测距的基本原理 ……………………………………………………… (71)

二、光电测距仪的构造及其使用方法 …… (72)
三、全站仪 …… (76)
教学小结 …… (78)
思考题与习题 …… (79)
第五章　施工测量的基本方法 …… (81)
第一节　测设点平面位置的基本方法 …… (81)
一、直角坐标法 …… (81)
二、极坐标法 …… (82)
三、角度交会法 …… (83)
四、距离交会法 …… (85)
第二节　测设坡度线的基本方法 …… (85)
一、水平视线法 …… (86)
二、倾斜视线法 …… (86)
第三节　测设圆曲线的基本方法 …… (87)
一、圆曲线测设要素 …… (87)
二、圆曲线主点的测设 …… (88)
三、圆曲线辅点测设 …… (88)
第四节　建筑物定位放线的基本方法 …… (90)
一、建筑物定位条件 …… (90)
二、建筑物定位放线的基本内容 …… (91)
三、建筑物定位验线的要点 …… (93)
教学小结 …… (93)
思考题与习题 …… (93)
第六章　施工测量 …… (96)
第一节　施工测量准备工作 …… (96)
一、钢尺检定与仪器检校 …… (96)
二、了解设计意图，熟悉、校核施工图 …… (96)
三、现场踏勘，并校核平面控制点和水准点 …… (99)
四、制定测量放线方案 …… (99)
五、必要的测量坐标和建筑坐标换算 …… (99)
第二节　控制测量 …… (100)
一、平面控制网测设 …… (100)
二、高程控制网 …… (103)
第三节　基础施工测量 …… (104)
一、基础放线的基本步骤 …… (104)
二、基础验线要点 …… (104)
三、基础施工中标高的测设 …… (104)
第四节　主体结构施工测量 …… (106)
一、轴线竖向投测和高程传递 …… (106)

二、现浇钢筋混凝土框架结构的施工放线 …………………………………………（109）
三、砖混结构的施工放线 ……………………………………………………………（110）
四、楼梯施工测量 ……………………………………………………………………（111）
五、安装测量 …………………………………………………………………………（112）
第五节　建筑工程施工中的沉降观测 ………………………………………………（115）
一、沉降观测的基本内容 ……………………………………………………………（116）
二、沉降观测的周期和时间 …………………………………………………………（116）
三、沉降观测方法 ……………………………………………………………………（117）
四、沉降观测的成果整理 ……………………………………………………………（117）
第六节　竣工测量 ……………………………………………………………………（119）
一、竣工测量资料的基本内容 ………………………………………………………（120）
二、竣工图的基本要求 ………………………………………………………………（120）
三、竣工图的内容、类型与绘制要求 ………………………………………………（120）
教学小结 ………………………………………………………………………………（121）
思考题与习题 …………………………………………………………………………（122）
附录 A　测量仪器检修的设备、工具和材料 ……………………………………（124）
附录 B　测量仪器的维护与保养 …………………………………………………（126）
附录 C　施工测量放线方案实例 …………………………………………………（128）
附录 D　施工测量记录和报验用表 ………………………………………………（134）
附录 E　测量放线工职业技能岗位标准 …………………………………………（142）
参考文献 ……………………………………………………………………………（145）

第一章

施工测量的基本知识

第一节　概　　述

施工测量是采用一定的测量方法和手段将施工图上规划、设计的建筑物、构筑物，按 1:1 的比例标定在地面上预定的位置，作为施工建造的依据，也称为测设、施工放线或测量放线。相比较而言，在设计前期将拟建地区地形地貌绘成平面图或地形图作为规划设计依据的测量称为测定，也称为地形测绘或设计测量。一个工程项目从规划设计到施工、竣工、运营管理，维修、改建和扩建等都离不开测量工作。

施工测量主要包含以下几个方面的内容。

一、施工准备阶段

校核设计图纸与建设单位移交的测量点位、数据等测量依据，点位标志是否完好，必要的情况下对数据进行校核。根据设计与施工要求编制施工测量方案，对于形状复杂的建筑可按施工要求进行场地暂设工程测量。施工测量方案经过批准后，可进行场地平面控制网与高程控制网的测设；场地平整及土方计算；建筑物、构筑物定位测量。

二、施工阶段

根据工程进度要求对建筑物、构筑物进行细部定位放线与竖向轴线和高程传递，作出实测标志，作为各阶段施工、工序间交接检查与隐蔽工程验收的依据；构配件安装定位测量；重要建筑物、构筑物施工期间的变形测量。

三、竣工阶段及变形观测

工程结束要检查验收各主要部位的实际平面位置、高程及相关尺寸，编绘竣工图，作为工程验收与运行、管理的依据。

对一些重要建筑物和构筑物，为保证运营期间的安全，需进行沉降、倾斜、裂缝等变形观测。

施工测量贯穿于施工的全过程，作业环境复杂，图纸、数据繁多，并且与施工进度有着密切的关系，因此要求测量人员具备较强的责任心；现场工种多，交叉作业频繁，土石填挖较多，影响施工控制点的稳定和破坏，所以各种测量标志必须埋设稳固，位置选择恰当，并应有足够的密度，同时做好测量标志和施工控制点的保护工作。

测量放线必须做到准确无误，使基坑开挖、打桩、立模、钢筋绑扎、混凝土浇筑、墙体砌筑等作业处于正确的设计位置，保证施工质量和工程进度。

第二节　地面点位的确定

测量工作的实质就是确定点的空间位置，换而言之是确定两点间的相对位置，包括点的平面位置和高程位置。确定地面点位的基本要素有水平角、水平距离与高差，其中水平角和水平距离是确定点的平面位置的要素。也就是说根据已知点的平面位置和高程，如果采用测量的手段和方法测出已知点与待定点间的水平角、水平距离及高差，就可以推测出待定点的平面位置和高程。

在施工测量中测角、量距、测高差都分别有专用的仪器，但自全站仪问世以来，由于它可以同时测出角度和距离，并可以通过仪器自身的计算程序得出需要的测量结果，大大提高了工作效率。在当前的施工测量放线中，全站仪主要用于场地控制测量和主要点位的放线工作，而水准仪测高差、经纬仪测水平角及钢尺量距还是现场放线中的基本操作，是必须熟练掌握的基本功。

一、测量的基准面和基准线

为了比较地球表面点的高低，需要有测量的基准面——大地水准面、水准面、水平面。要确定地面点的平面位置，必须以铅垂线为基准线。

1. 基准面

（1）大地水准面。大地水准面是平均静止的海水表面，是人们设想一个完全处于静止和平衡状态、没有潮汐风浪影响的海洋表面，以及由它延伸穿过陆地并处处保持着与铅垂线正交这一特性而形成的封闭曲面。人们发现，某一地点的平均海水面位置基本上是稳定的，因此它是唯一的。目前，我国采用的“1985 国家高程基准”，是以青岛验潮站 1953—1979 年所测定的黄海平均海水面作为全国高程的统一起算面，并推测得青岛观象山上国家水准原点的高程为 72.260 m，全国各地的高程则以它为基准进行测算。

（2）水准面。水准面是自由静止的海水表面，处处与铅垂线成正交，是与大地水准面平行的不规则曲面。由于海水表面的涨落，水准面有无数个。

（3）水平面。水平面是与水准面相切的平面，仅在切点处与铅垂线成正交。

2. 基准线

地球上的任何物体都受到地球自转产生的离心力和地心引力作用，这两个力的合力称为重力。重力的作用线常称为铅垂线，它是测量工作的基准线。

二、地面点位的确定

（一）地面点的高程位置

地面点到高程基准面的铅垂距离称为高程。高程按基准面的不同可分为绝对高程和相对高程两种，如图 1–1 所示。

1. 绝对高程（*H*）

地面点到大地水准面的铅垂距离称为绝对高程，又称绝对标高或海拔。如图 1–1 中 *A* 点、*B* 点的绝对高程分别为 H_A、H_B。

2. 相对高程（*H′*）

地面点到任意水准面的铅垂距离称为相对高程，或相对标高。如图 1–1 中 *A* 点、*B* 点的相对高程分别为 H'_A、H'_B。

在建筑工程中，为了对建筑物进行高程定位，总平面图上标有建筑物首层室内地面的设计绝对高程；建筑物的其他高程均以首层地面为基准面，其相对高程为±0.000。高于±0.000 基准面的高程为正值，通常不注“+”，低于±0.000 基准面的高程为负值，注写“–”，如二层楼面的相对标高为 4.200 m，地下室底板标高为–3.900 m。

3. 高差（*h*）

两地面点间的高程差即为高差。如图 1–1 中，*B* 点相对于 *A* 点的高差为：

$$h_{AB}=H_B-H_A=H'_B-H'_A \tag{1–1}$$

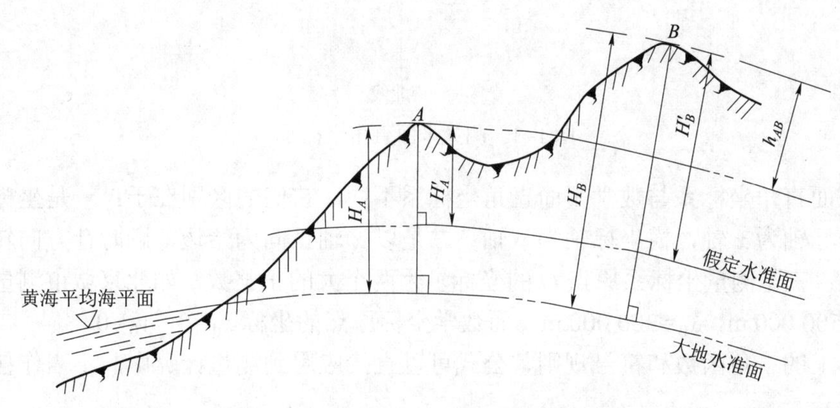

图 1–1　绝对高程、相对高程和高差

由式（1–1）可知，高差的计算采用绝对高程或相对高程，只是基准面不同，两点间高差是不变的。

显然，当 $h_{AB}>0$ 时，表明 *B* 点高于 *A* 点；反之，则 *B* 点低于 *A* 点；当 $h_{AB}=0$ 时，表明 *B* 点和 *A* 点的高程相等，处在同一个平面内。

B 点相对于 *A* 点的高差与 *A* 点相对于 *B* 点的高差绝对值相等，符号相反。即：

$$h_{BA}=-h_{AB} \tag{1–2}$$

4. 坡度（*i*）

坡度是指一条直线或一个平面的倾斜程度，可通过倾斜角（θ）的正切函数（$\tan\theta$）计算，一般用百分比（%）或斜率（*i*）表示。如图 1–2 中，直线或平面上两点 *A*、*B* 的高差 h_{AB} 与水平距离 D_{AB} 之比，即

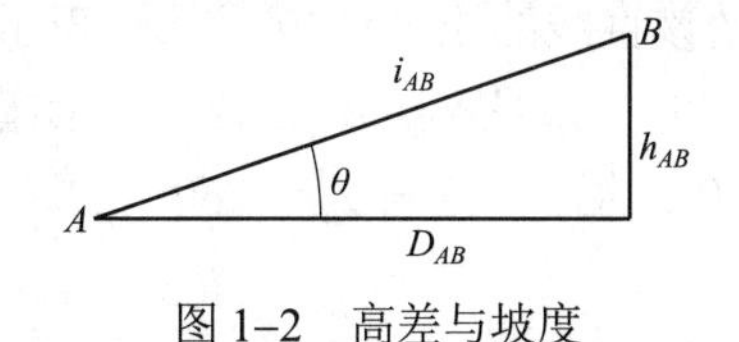

图 1–2　高差与坡度

$$坡度\ i_{AB}=\tan\theta=h_{AB}/D_{AB} \tag{1-3}$$

因高差有正负，所以坡度也有正负，向上倾斜为升坡（+），向下倾斜为降坡（–）。

（二）地面点的平面位置

地面点的平面位置可以用直角坐标系来表示。测量工作中采用的平面直角坐标系如图 1–3 所示，规定以南北方向为纵轴，记为 x 轴，以东西方向为横轴，记为 y 轴，象限分布为顺时针。为使测区内各点的坐标均为正值，可将测区坐标原点加一个大数或选在测区的西南角。点 A 的位置可用（x_A，y_A）来表示。

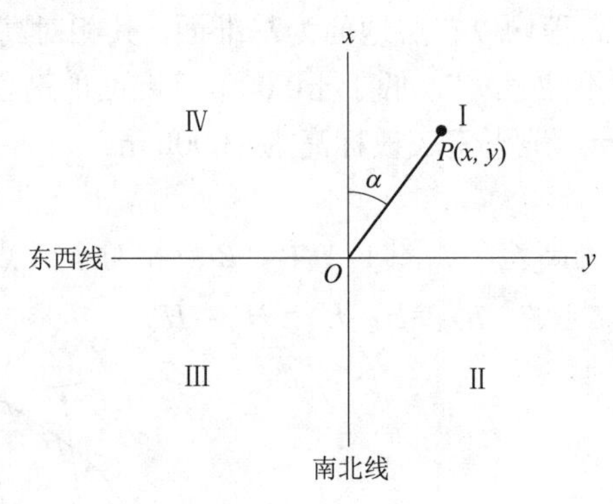

图 1–3　测量平面直角坐标系

测量平面直角坐标系与数学平面直角坐标系不同，它们的区别在于：一是坐标轴互换，测量的纵坐标轴为 x 轴，横坐标轴为 y 轴；二是以 x 轴正向为始边，顺时针方向转动定义方位角及象限；三是测量坐标系原点 O 的坐标多为两个大的正整数，如北京城市测量坐标原点的坐标 y_0=500 000 m，x_0=300 000 m，而数学坐标原点的坐标 x_0=0，y_0=0。

但数学上的三角函数和符号规则、公式可以直接应用到测量计算中，不需作任何改变，如图 1–3 所示，

$$x_B=x_A+D_{AB}\cos\alpha$$

$$y_B=y_A+D_{AB}\sin\alpha \tag{1-4}$$

1980 国家大地坐标系的坐标原点在陕西省距西安市 60 km 的泾阳县永乐镇，也叫 1980 西安坐标系或 C80 坐标系。国家测绘局（1990 年 180 号文件）通知，1991 年起在全国采用 1980 国家大地坐标系。

在工程建设中为了设计方便而在总平面图上建立的建筑坐标系，是一个局部范围的独立坐标系，它与测量坐标系之间的相互换算方法详见第六章第一节。

（三）方位角（α）

方位角（α）是由子午线（即南北线）北端顺时针方向旋转到直线的夹角，用以表示该直线的方向。正北的方位角为 0°，正东、正南、正西的方位角分别为 90°、180°、270°，正西北的方位角为 315°。

一条直线起端的方位角叫做该直线的正方位角，用$\alpha_正$表示；直线终端的方位角叫做该直线的反方位角，用$\alpha_反$表示，两者的关系是$\alpha_正=\alpha_反\pm180°$。如直线 AB 的正方位角α_{AB}=35°，则其反方位角α_{BA}=215°；直线 BC 的正方位角α_{BC}=260°，则其反方位角α_{CB}=80°

（四）坐标增量、坐标正算与坐标反算

1. 坐标增量（Δx，Δy）

直线 ij 的终点 $j(x_j, y_j)$ 对起点 $i(x_i, y_i)$ 的坐标差（Δx_{ij}，Δy_{ij}），如图 1–4 所示，即$\Delta x_{ij}=x_j-x_i$

$$\Delta y_{ij}=y_j-y_i \qquad (1\text{–}5)$$

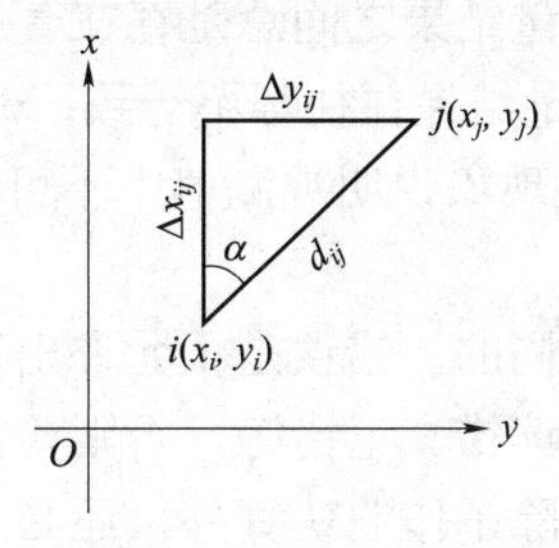

图 1–4　坐标增量

2. 坐标正算

坐标正算是指已知直线的边长 d_{ij} 和方位角α_{ij}，求其坐标增量Δx_{ij}、Δy_{ij}，即

$$\Delta x_{ij}=d_{ij}\cdot\cos\alpha_{ij}$$
$$\Delta y_{ij}=d_{ij}\cdot\sin\alpha_{ij} \qquad (1\text{–}6)$$

3. 坐标反算

坐标反算是指已知直线 ij 的坐标增量Δx_{ij}、Δy_{ij}，求其边长 d_{ij} 和方位角α_{ij}，即

$$d_{ij}=\sqrt{(\Delta x_{ij})^2+(\Delta y_{ij})^2}$$

$$\alpha_{ij}=\arctan\frac{\Delta y_{ij}}{\Delta x_{ij}} \qquad (1\text{–}7)$$

方位角值的确定，见表 1–1。

表 1–1　方位角α 所在象限的确定

Δy	+	+	–	–
Δx	+	–	–	+
象限	Ⅰ	Ⅱ	Ⅲ	Ⅳ
α	0°～90°	90°～180°	180°～270°	270°～360°

【例 1–1】已知直线 AB 的坐标增量Δx_{AB}=81.780 m，Δy_{AB}=–22.000 m，计算边长 d_{AB} 及方位角α_{AB}。

解：边长 $d_{AB}=\sqrt{(\Delta x_{AB})^2+(\Delta y_{AB})^2}=\sqrt{81.780^2+(-22.000)^2}=84.687\ \text{m}$

$$\text{方位角}\ \alpha_{AB}=\arctan\frac{\Delta y_{AB}}{\Delta x_{AB}}=\arctan\frac{-22.000}{81.780}=344°56'35''$$

第三节　测量误差的基本概念

测量工作的大量实践表明，对某个量进行多次观测时，尽管使用了精密的测量仪器，而且观测方法合理、过程仔细，但测量结果之间总是存在着或多或少的差异。例如，对地面上某两点间距离反复丈量若干次，测量结果往往都不一致；对某平面三角形三个内角进行观测，其和常常不等于理论值 180°。这些现象说明观测值中不可避免地存在着测量误差，也就是说测量误差是不可避免的。

观测误差与错误在性质上是不同的。错误是不允许出现的，必须加以避免，如观测方法错误，瞄准目标位置不正确，数据读错、记错等，否则要重新测量。错误主要是由于观测者的粗心或者各种外界干扰造成的。除了作业认真外，还必须采取必要的防范措施，如对角度进行多次观测，对距离进行往返观测，对几何图形进行必要的多次观测，就可以发现观测值中的错误，对测量结果进行正确的分析和评判。

一、产生误差的原因

测量工作是借助测量仪器、工具，按照一定的观测方法，在一定的外界条件下完成的。这就使测量结果不同程度地会受到各种因素的影响，归结起来，产生误差的原因主要有以下几点。

（1）仪器、工具制造或检校不完善。例如水准仪校正后的残余误差，水准尺、钢尺刻画误差，仪器的精密程度都会产生测量误差。

（2）人为因素。由于观测者视觉器官辨别能力的局限性，在安置仪器、气泡居中、照准目标、读数、视差都会产生误差。例如，在有视差的情况下，眼睛的高度不一样，读数就会产生不同的结果；观测者的仪器操作熟练程度和观测习惯也会带来不同程度的影响。

（3）外界环境的影响。在外界进行测量工作时，所处条件变化或不适宜的观测条件都会对测量结果产生影响。例如，温度变化引起大气折光变化及望远镜瞄准偏差，日光照射强度使气泡居中受到影响等。

通常把仪器、观测者的技术水平和外界环境这三方面综合起来称为观测条件。凡是观测条件相同的各次观测称为等精度观测，观测条件不同的各次观测则称为非等精度观测。

测量工作不仅要获得观测结果，还要知道观测结果的精度。只有对误差的性质、产生的原因及对测量结果的影响有了清楚的了解，才能正确合理地实施测量方案，最大限度地减少误差，得到测量结果的最可靠值。一般来说，测量误差越小，结果的精度越高；测量误差越大，精度越小。因此，在测量工作中，通过对误差理论的探讨和研究，以便根据不同的误差原因采取不同的措施，达到消除或减少误差、提高测量结果的精度。

二、误差分类

误差按性质不同可分为系统误差和偶然误差两类。

1. 系统误差

在相同的观测条件下，对某个量进行一系列观测，如果误差的大小和符号呈现出规律性的变化或保持常数，这种误差称为系统误差。例如，钢尺的标记长度为 50 m，经过检定后的实际长度为 50.005 m，当用该尺量距离时，每量一整尺长就比实际长度减少了 0.005 m，这 5 mm 的误差，大小和符号是相同的，量的整尺数越多，误差就越大，这种量距误差的大小与丈量的长度成正比，且符号不变。又如在水准测量中，因水准仪的视准轴不平行于水准管轴而产生的读数误差，与水准仪到水准尺的距离成正比，且符号不变，距离越远，读数误差就越大。又如在角度测量中，经纬仪的视准轴不垂直于横轴而产生的读数误差与仪器到目标点的距离无关，始终保持一个固定的常数。

系统误差对观测成果影响很大，但它的数值大小和符号有一定的规律性，可以按其产生的原因和规律加以改正、抵消或削弱。例如，钢尺量距时的尺长误差可以按其检定结果对量距长度进行尺长改正，即可消除尺长误差对距离的影响；在水准测量中，用前、后视距相等的办法可消除视准轴与水准管轴不平行的误差影响；在角度测量中，采用盘左、盘右观测取平均值的方法可以消除视准轴不垂直于横轴、横轴不垂直于竖轴、照准部偏心差等的误差影响。

有的系统误差用以上方法都无法消除，如经纬仪的照准部水准管轴与仪器竖轴不垂直的误差对水平角观测值的影响。这类误差只能按要求对仪器进行严格校正，并在观测过程中仔细整平仪器来减少误差的影响。

2. 偶然误差

在相同的观测条件下，对某个量进行一系列观测，如果误差在大小和符号上均不相同，从表面上看没有明显的规律性，但就大量的误差总体而言，服从一定的统计规律，这种误差称为偶然误差。偶然误差不是人为能控制的，其符号正负和数值大小纯属偶然。例如，水准测量中水准仪在水准尺上读数时的毫米估读误差，角度测量中经纬仪照准误差，估读数值误差等，都属于偶然误差。

偶然误差的大小和符号随着各种偶然因素的综合影响在不断变化，相对于系统误差而言，测量误差主要是偶然误差。通过对某一个未知量进行大量的观测，结果表明偶然误差具有统计特性：绝对值较小的误差出现的概率大，绝对值较大的误差出现的概率小；绝对值相等的正、负误差出现的概率大致相等；在一定的观测条件下，偶然误差的绝对值不会超过一定的限值；当观测次数无限增大时，偶然误差的算术平均值趋近于零。

3. 错误

在一定观测条件下，由于工作粗心或措施不严密，而使观测值产生超过规定限差的误差，称为粗差，也称错误。错误是必须避免的。测量放线中发生错误的主要原因有以下几方面。

（1）起始依据的错误。主要是设计图纸中的错误，测量起始点位或数据的错误以及仪器方面的问题。

（2）计算放线数据的错误。主要是原始记录错误、转抄错误、用错公式或计算中错误。

（3）观测中的错误。主要是用错点位或点位碰动未发现、仪器没检校或部件失灵、操作不当或测距仪与棱镜不配套等。

（4）记录中的错误。主要是听错、记错、漏记等。

（5）标志的错误。主要是放线人员给出的标志不明确或施工人员用错标志，如轴线不是中线等。

总之，从审核起始依据开始，作业中要坚持测量、计算工作步步有校核的工作方法，减少误差，保证最终结果的正确性。

三、衡量测量精度的标准

为了研究观测成果的质量，评定观测成果的精度，常用的衡量标准有中误差、极限误差、相对误差三种。

1. 中误差

中误差，也称均方误差，用 m 表示；数理统计学中也叫标准差。

在相同的观测条件下，对某个量（真值为 X）进行了 n 次观测，各观测值为 l_1，l_2，…，l_n，则观测值的真误差分别为 $\Delta_1=X-l_1$，$\Delta_2=X-l_2$，…，$\Delta_n=X-l_n$，则该组观测值中误差 m 的计算公式为：

$$m=\pm\sqrt{\frac{[\Delta\Delta]}{n}} \tag{1-8}$$

式中，n 为观测次数；$[\Delta\Delta]=\Delta_1^2+\Delta_2^2+\Delta_3^2+\cdots+\Delta_n^2$。$m$ 值较小表示观测精度较高，反之则表示观测精度较低。

例如，对某个三角形的内角和进行了两组不同精度的观测，每组观测了 10 次，分别计算出两组观测值的真误差 Δ_i 和中误差 m_1、m_2，列于表 1–2 中。比较表中 m_1、m_2 的值，可知第一组的观测精度高于第二组。

表 1–2 观测值的真误差及中误差

次数	第一组			第二组		
	观测值	真误差 Δ_i /″	Δ_i^2	观测值	真误差 Δ_i /″	Δ_i^2
1	180°00′04″	−4	16	180°00′01″	−1	1
2	180°00′01″	−1	1	179°59′59″	+1	1
3	180°00′02″	−2	4	180°00′08″	−8	64
4	179°59′58″	+2	4	180°00′03″	−3	9
5	180°00′01″	−1	1	180°00′02″	−2	4
6	180°00′00″	0	0	179°59′59″	+1	1
7	180°00′02″	−2	4	179°59′54″	+6	36
8	179°59′57″	+3	9	180°00′00″	0	0
9	179°59′56″	+4	16	179°59′56″	+4	16
10	179°59′57″	+3	9	180°00′01″	−1	1
Σ			64			133
中误差	$m_1=\pm2.5''$			$m_2=\pm3.6''$		

工程测量中多以中误差衡量观测值的精度，也可以说明仪器的精度，如 J6 级经纬仪设计的精度为照准单一方向，一测回方向的中误差为±6″。

2. 极限误差

根据偶然误差的性质可知，在一定的观测条件下，偶然误差的绝对值不会超过一定的限值。如果观测值的误差超过这个限值，就认为该观测值错误，应舍去，并重新观测。这个限值就是极限误差。根据误差理论和大量的实践证明，在一系列等精度观测的一组误差中，大于一倍中误差的偶然误差出现的概率不足 30%；大于两倍中误差的偶然误差不足 5%；大于三倍中误差的偶然误差仅有 0.3%。因此，在观测次数有限的情况下，大于三倍中误差的偶然误差几乎是不可能出现的。通常以两倍中误差作为各种测量误差的允许范围，也称为极限误差或限差，即

$$\Delta_{限}=2m \tag{1-9}$$

测量允许误差宜为工程允许偏差（在各种工程设计与施工规范、规程中，对工程验收时的平面位置、高程位置、竖直方向、几何尺寸等，均规定了不同的允许偏差，作为工程施工验收的评定标准）的 1/3～1/2。

3. 相对误差

某个量观测值的绝对误差与该量真实值或近似值的比值，称为相对误差，也称为相对精度，常用来衡量量距的精度。有时评定观测值的精度，单用中误差衡量会得出不合理的结论。例如，用钢尺丈量 100 m 和 50 m 两条直线的长度，量距的中误差都是 10 mm，但不能认为这两段距离的丈量精度是相同的，因为量距误差具有积累性，与其长度有关，距离越长，误差积累越大。这时采用相对误差 K 描述观测的质量是合理的。

相对误差是以观测值的误差，如边长中误差（m）或往返丈量较差（ΔD）等，与该观测值 D 之比，通常以分子为 1 的分数形式来表示，即

$$K=\frac{观测误差}{观测值}=\frac{1}{T} \tag{1-10}$$

上例中，前者的相对误差为 K_1=0.010/100=1/10 000，而后者为 K_2=0.010/50=1/5 000。显然，前者量距精度高于后者。

同样，如果往返丈量地面上 A、B 两点之间的距离，往返距离之差用ΔD 表示，往返距离的平均值用 $D_{平均}$表示，则相对误差 $K=\Delta D/D_{平均}$。

4. 算术平均值

设 X 为某一个未知量的真值，l_1，l_2，…，l_n 为该量的一组等精度观测值，x 为这一组等精度观测值的算术平均值。可以认为算术平均值比所有观测值最接近于真值，常把算术平均值称为最或然值，原理说明如下。

若以Δ_1，Δ_2，…，Δ_n 表示等精度观测值 l_1，l_2，…，l_n 的真误差，则有

$$\left.\begin{aligned}\Delta_1&=x-l_1\\ \Delta_2&=x-l_2\\ &\vdots\\ \Delta_n&=X-l_n\end{aligned}\right\}$$

将各等式两端分别相加，得

$$[\Delta]=nX-[l]$$

两端除以 n，

$$\frac{[\Delta]}{n}=X-\frac{[l]}{n}$$

设$x=\frac{[l]}{n}$，则$x=X-\frac{[\Delta]}{n}$；根据偶然误差的第四个特性，当观测次数n无限增加时，$\frac{[\Delta]}{n}$趋于零，所以有

$$\lim_{n\to\infty}x=X \tag{1-11}$$

即算术平均值不等于真值，两者相差一个$\frac{[\Delta]}{n}$，n值越大，$\frac{[\Delta]}{n}$越小，算术平均值就越接近真值，称$\frac{[\Delta]}{n}$为最或然值的真误差。但是，在实际工作中不可能对某一个量进行无限次观测，这就是对于观测值取平均数的基本道理。

以上介绍的是对于某一个量，如一个角度、一段距离，直接进行多次观测，求得其最或然值、最可靠值，计算观测值的中误差作为衡量精度的标准。但是，在实际测量工作中，有些量不可能也不便于直接观测，而是根据一些直接观测值间接计算而得到。例如，测量不在同一水平面上的两点间水平距离，可以用测距仪测量斜距，再用经纬仪测量竖直角，通过三角函数来计算水平距离。由于观测值中存在误差，使得函数值也不可避免地存在误差，称为误差传播。

第四节　有关施工测量的法规和规范

一、中华人民共和国测绘法

中华人民共和国测绘法于 2002 年 8 月 29 日由第九届全国人民代表大会常务委员会第二十九次会议修订通过，自 2002 年 12 月 1 日起实施。共 9 章 55 条，包括总则、测绘基准和测绘系统、基础测绘、界线测绘和其他测绘、测绘资质资格、测绘成果、测量标志保护、法律责任、附则。

二、中华人民共和国计量法

中华人民共和国计量法于 1985 年 9 月 6 日由第六届全国人民代表大会常务委员会第十二次会议通过，自 1986 年 7 月 1 日起实施。共 6 章 35 条，包括总则、计量基准器具、计量标准器具和计量检定、计量器具管理、计量监督、法律责任、附则。

计量法实施细则中规定：任何单位和个人不准在工作岗位上使用无检定合格印、证或者超过检定周期以及经检定不合格的计量器具；测量工作中使用的水准仪、经纬仪、光电测距仪、全站仪、钢卷尺、水准尺等均应进行定期检定；各种计量器具的检定周期，均以国家技术监督局发布的有关检定规程为准，一般为一年；计量器具检定，必须在国家授权的检定单位进行，且应出具检定合格证。

三、《工程测量规范》（GB 50026—2007）

该规范共分 10 章及 7 个附录，包括总则、术语和符号、平面控制测量、高程控制测量、地形测量、线路测量、地下管线测量、施工测量、竣工总图的编绘与实测、变形监测。

本规范以中误差作为衡量测绘精度的标准，并以两倍中误差作为极限误差；适用于工程建设领域的通用性测量工作。

四、《建筑施工测量技术规程》（DB11/T 446—2007）

本规程共 13 章及 9 个附录，包括总则、术语、施工测量准备工作、平面控制测量、高程控制测量、建筑物定位放线和基础施工测量、结构施工测量、工业建筑施工测量、建筑装饰与设备安装施工测量、特殊工程施工测量、建筑小区市政工程施工测量、变形测量、竣工测量与竣工图的编绘。

（一）施工测量放线工作的基本准则

（1）认真学习与执行国家法令、政策与规范，明确为工程服务、对按图施工与工程进度负责的工作目的。

（2）遵循先整体后局部的工作程序，即先测设精度较高的场地整体控制网，再以此为依据进行各局部建筑物定位、放线。

（3）严格审核测量起始依据的正确性，坚持测量作业与计算工作步步有校核的工作方法等。

（4）测量方法要科学、简捷，精度要合理、相称，仪器选择要适当，使用要精心，在满足工程需要的前提下尽可能做到省工、省时、省费用。

（5）定位、放线工作必须经由自检、互检合格后，由有关主管部门验线，还应执行安全、保密等有关规定。用好、管好设计图纸与有关资料，实测时要做好原始记录，测后要及时保护好桩位。

（6）紧密配合施工，发扬团结协作、爱岗敬业、实事求是、严谨认真的工作作风。

（7）虚心学习，不断总结，努力开拓创新，以适应建筑业不断发展的需要。

（二）施工测量验线工作的基本准则

（1）验线工作应主动预控，从审核施工测量方案开始，在施工的各主要阶段前均应对施工测量工作提出预防性的要求，做到防患于未然。

（2）验线的依据应原始、正确、有效，因为一旦这些测量的基本依据有误，放线过程中难以发现，造成的后果是不堪设想的。设计图纸、变更洽商与定位依据点位（如红线桩、水准点、坐标、高程）等数据应原始、正确。

（3）仪器与钢尺必须按计量法有关规定进行检定和检校。

（4）验线的精度应符合规范要求，主要包括：① 仪器的精度应符合规范要求，有检定合格证并校正完好；② 必须按规程作业，观测中的系统误差应采取措施进行改正，观测误差必须小于限差；③ 验线成果应先行附合或闭合校核。

（5）验线工作必须独立，尽量与放线工作不交叉，主要包括观测人员、仪器、观测方法及路线等。

（6）验线部位应为关键环节与最弱部位，主要包括定位依据桩及定位条件；场区平面控制网、主轴线及其控制桩；场区高程控制网及±0.000 高程线；控制网及定位放线中的最弱部位。

（7）验线方法及误差处理：场区平面控制网与建筑物定位，应在平差计算中评定其最弱部位的精度，并实地验测，精度不符合要求时应重测；细部测量，可用不低于原测量放线的精度进行验测，验线成果与原放线成果之间的误差应按以下原则处理：两者之差小于 $1/\sqrt{2}$ 限差时，评为优良；略小于或等于 $\sqrt{2}$ 限差时评为合格（可不改正放线成果，或取两者的平均值）；超过 $\sqrt{2}$ 限差时，原则上不予验收，尤其是要害部位，若次要部位可局部返工。

（三）测量记录的基本要求

（1）测量记录要求原始真实、数字正确、内容完整、字体工整。

（2）记录应填写在规定的表格中，开始应先将表头所列各项内容填好，并熟悉表中所列各项内容与相应的填写位置。

（3）记录应及时填写清楚，不允许先记在草稿纸上后转抄誊清，防止转抄过程中出现错误，保持记录的原始性。采用电子记录手簿时，应打印出观测数据。记录数据必须符合法定计量单位。

（4）字体要工整、清楚，相应数字及小数点应左右成列、上下成行、一一对齐。记错或算错的数字不准涂改，应将错数画一斜线，将正确数字写在错数的上方。

（5）记录中数字的位数应反映观测的精度，如水准读数应读至毫米，即小数点后三位。

（6）记录过程中的简单计算，应现场及时进行，如平均值、较差，并做校核。

（7）记录员应及时校对观测所得到的数据，及时发现观测中的明显错误，如水准测量中读错整米数、角度测量中读错度数等。

（8）草图、点之记图应当场勾绘，方向、数据和地名等应标注清楚。

（9）注意保密，测量记录多有保密内容，应妥善保管，工程结束后应上交有关部门保存。

（四）测量计算的基本要求

（1）计算工作开始前，应对外业观测记录、草图等资料认真仔细地逐项审阅与校核，及早发现与处理可能存在的遗漏、错误等问题。

（2）计算过程一般均应在规定的表格中进行，填写的原始数据要清晰准确，并做好校对。

（3）计算中必须做到步步有校核。校核以独立、简捷、有效、科学为原则，常用的方法有：

① 重复计算校核，可以一人做两遍，也可以两人各做一遍校核；

② 总和校核，如水准测量中高差计算校核应满足的条件 $\Sigma h_{AB}=\Sigma a-\Sigma b=H_{终}-H_{起}$，即高差的代数和与后视读数总和减去前视读数总和及终点高程与起点高程差相等；

③ 几何条件校核，如测量三角形内角之和应满足 180°，即 $\Sigma\beta_{理论}=(n-2)180°$；

④ 变换计算方法，如坡度计算中可以采用倾斜角的正切函数计算，也可以采用高差与水平投影长度之比计算；

⑤ 概略估算校核，如水平角测量中经纬仪先后瞄准目标偏转的角度估值，对防止出现计算错误至关重要。

（4）计算中所用数字应与观测精度相适应；及时合理地删除多余数字，提高计算速度。删除数字应遵守“四舍、六入、整五凑偶（即单进、双舍）”的原则。

教学小结

- 测量工作贯穿于工程建设的各个阶段；施工测量贯穿于施工的全过程。
- 误差不同于粗差、错误，误差具有不可避免性。

● 误差产生的原因有仪器工具误差、人为因素和外界环境影响三方面。

● 误差按性质分为系统误差和偶然误差；在观测过程中系统误差与偶然误差同时存在并起作用。

● 偶然误差具有抵偿性、对称性、小误差密集性、有界性。

● 真误差、中误差、极限误差都是绝对误差。

● 观测值的中误差 $m\pm\sqrt{\frac{[\Delta\Delta]}{n}}$；算术平均值是最可靠值，其中误差 $M=\pm\frac{m}{\sqrt{n}}$；通常以两倍中误差为极限误差。

● 确定地面点位是测量工作的根本任务。

● 大地水准面、任意水准面和铅垂线是测量的基准面和基准线。

● 地面两点间的高程差称为高差，用 h 表示。

$$h_{AB}=H_B-H_A=H'_B-H'_A$$

● 测量平面直角坐标系和数学平面直角坐标系的区别：一是坐标轴互换；二是象限编号方向相反；三是对角度的定义，起始边为纵轴，顺时针方向。

● 地面点间的水平距离、水平角和高差是确定地面点位的三个基本要素。测量的三项基本工作为高差测量、水平角测量和水平距离测量。

● 测量工作的基本原则：从整体到局部，先控制后碎部，边工作边校核。

● 测量工作应在国家有关法令、法规、规程下进行。

● 测量放线中做到测、算工作步步有校。

思考题与习题

1. 施工测量的工作内容包括哪些？
2. 测量的基准面、基准线有哪些？
3. 解释：高程、绝对高程、相对高程、高差。
4. 测量坐标系和数学坐标系有何异同？
5. 确定地面点位的基本要素有哪些？测量的三项基本工作指的是什么？
6. 举例说明测量工作的基本原则？
7. 测量中产生误差的原因有哪三个方面？
8. 测量放线中产生错误的原因有哪几个方面？
9. 测量校核有哪几种常用方法？
10. 系统误差与偶然误差在实际工作中可以采取哪些措施减少或减弱对测量结果的影响？
11. 已知 A 点的绝对高程为 51.533 m，B 点的绝对高程为 42.224 m，计算 B 点相对于 A 点的高差 h_{AB}？试说明高差正负的含义。
12. 已知连接坡道的两个水平面高差为 0.450 m，坡道的水平投影长度为 5 400 mm，计算坡道的坡度。
13. 已知Δx_{AB}=−8.142 m，Δy_{AB}=−10.551 m，求边长 d_{AB} 及方位角 α_{AB}。

14. 已知直线边长 d_{AB}=148.336 m 及方位角 α_{AB}=341° 23′ 21″，求坐标增量 Δx_{AB}、Δy_{AB}。

15. 用钢尺丈量 A、B 两点间距离，6 次测量值分别为：187.336 m、187.342 m、187.332 m、187.339 m、187.344 m、187.338 m，计算平均值 $D_{平均}$、观测值中误差 m 及相对中误差 K。

16. 独立测得三角形的角度闭合差分别为（16 个）：+4″、+16″、−14″、+10″、+9″、+2″、−15″、+8″、+3″、−22″、−13″、+4″、−5″、+24″、−7″、−4″，求其中误差 m。

第二章

水 准 测 量

测量地面上各点高程的工作，称为高程测量。根据所使用仪器和测量方法不同，高程测量分为水准测量、三角高程测量、气压高程测量及流体静力水准测量和 GPS 高程测量等。其中，水准测量是精确测定地面点高程的一种主要方法，在国家控制测量、工程勘测及施工测量中被广泛采用。

第一节　水准测量原理

水准测量原理，是利用水准仪提供一条水平视线，借助竖立在地面点上的水准尺读数，计算出两点间的高差，然后根据已知点的高程，求出待定点的高程。计算待定点高程的方法有高差法和视线高法（也称仪器高法）。

一、高差法

如图 2–1 所示，已知 A 点的高程为 H_A，欲测定 B 点高程 H_B。施测时，可在 A、B 两点上分别竖立一根水准尺，并在 A、B 两点间安置水准仪，利用水准仪提供的水平视线分别读出尺上读数 a 和读数 b，则 B 点对于 A 点的高差 h_{AB} 为

$$h_{AB}=a-b \tag{2–1}$$

B 点的高程为

$$H_B=H_A+h_{AB}=H_A+(a-b) \tag{2–2}$$

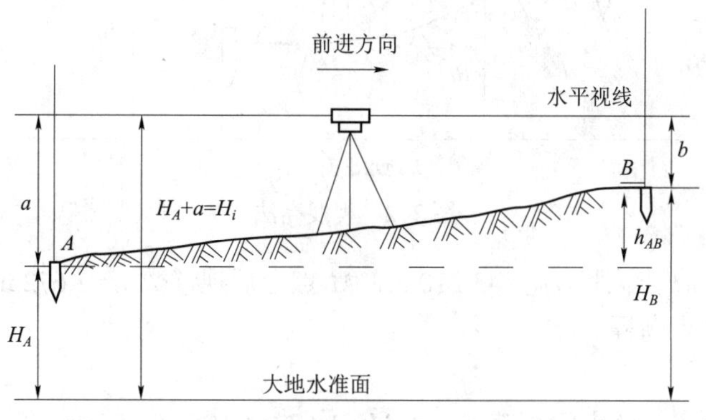

图 2–1　水准测量原理

在此施测过程中，是由已知点 A 向待定点 B 进行的，则称 A 点为后视点，B 点为前视点；A 点尺的读数 a 称为后视读数，B 点尺的读数 b 称为前视读数。可见，B 点相对于 A 点的高差 h_{AB}=后视读数–前视读数 $=a-b$。

由图 2–1 可以看出，读数小表示地面点高，读数大表示地面点低。因此，高差有正负之分；当 $a>b$ 时，h_{AB} 为正值，表示前视点 B 比后视点 A 高；当 $a<b$ 时，h_{AB} 为负值，表示 B 点比 A 点低。在计算高程时，高差应连同其符号一并运算。在书写 h_{AB} 时，必须注意 h 的下标，h_{AB} 是表示 B 点相对于 A 点的高差；h_{BA} 则表示 A 点相对于 B 点的高差。h_{AB} 与 h_{BA} 绝对值相等，但符号相反。

这种利用高差计算待测点高程的方法，称为高差法。

二、视线高法

通常把水准仪水平视线高程称为视线高或仪器高，用 H_i 表示，如图 2–1 所示。前视点 B 的高程 H_B 也可通过对公式（2–1）适当变形后，用 H_i 求得。

视线高等于后视点高程 H_A 加后视读数 a，即

$$H_i=H_A+a \tag{2–3}$$

则 B 点高程可用式（2–4）计算

$$H_B=H_i-b \tag{2–4}$$

如图 2–2 所示，利用视线高法同时可测得 B 点、M 点、N 点等的高程，即

$$前视点高程=仪器高程-前视读数$$

$$H_M=H_i-m$$

$$H_N=H_i-n$$

当安置一次仪器，需要测出多个点高程时，常采用仪器高法。

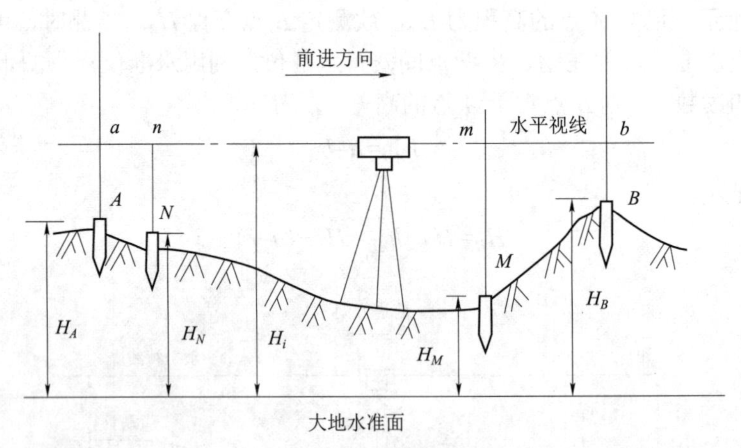

图 2–2　视线高法

【例 2–1】 已知 M 点高程 H_M=43.210 m，M 点上后视读数 a=1.672 m，N 点上前视读数 b=1.106 m，计算 N 点高程 H_N?

解：（1）高差法

$$两点间高差\ h_{MN}=a-b=1.672-1.106=0.566\ \text{m}$$

$$H_N=H_M+h_{MN}=43.210+0.566=43.776\ \text{m}$$

（2）视线高法

$$\text{视线高}\ H_i=H_M+a=43.210+1.672=44.882\ \text{m}$$

$$H_N=H_i-b=44.882-1.106=43.776\ \text{m}$$

两种计算方法结果一致。

综上所述，高差法与视线高法都是利用水准仪提供的水平视线测定地面点高程。如果视线不水平，上述公式不成立。因此，望远镜视线水平是水准测量的关键，而仪器安置的高度对测算地面点高程没有影响。水准测量的记录也会因计算方法不同而不同。

第二节　普通水准仪的认识与使用

水准测量所使用的仪器为水准仪，工具有水准尺和尺垫。水准仪的种类很多，按精度不同有精密水准仪和普通水准仪，按构造不同有微倾水准仪、自动安平水准仪、激光水准仪、数字水准仪等。目前，电子水准仪属于精密仪器，施工测量中常使用普通微倾水准仪、自动安平水准仪。

一、DS_3型微倾水准仪

DS_3型微倾水准仪中字母“D”和“S”分别为“大地测量”和“水准仪”的汉语拼音的第一个字母，数字“3”表示为用该类型仪器进行水准测量时，每公里往、返测得高差中数的偶然中误差为±3 mm，也就是水准仪的精度，有“02”、“05”、“1”、“3”等，数字越小，精度越高，其中“02”、“05”、“1”属精密水准仪。

微倾水准仪是指仪器上安有微倾装置，转动微倾螺旋，可使望远镜连同符合水准管在垂直面内作同步的微小仰俯运动，直至符合水准管气泡精确居中，以达到仪器快速提供水平视线的目的。

图 2–3 所示为国产DS_3型微倾水准仪外形，图 2–3（a）及（b）分别表示它的两个侧面。它的构造主要由望远镜、水准器和基座三部分组成。

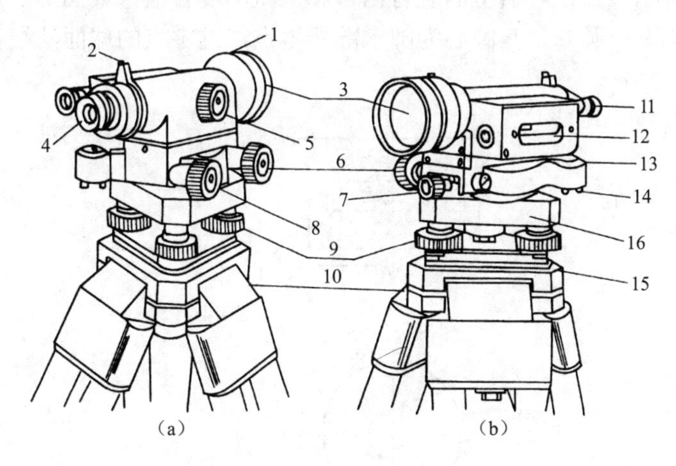

图 2–3　DS_3型微倾水准仪

1—准星；2—照门；3—物镜；4—目镜；5—物镜调焦螺旋；6—微动螺旋；7—制动螺旋；8—微倾螺旋；9—脚螺旋；10—三脚架；11—符合水准器观察镜；12—管水准器；13—圆水准器；14—圆水准器校正螺丝；15—三角形底板；16—轴座

（一）望远镜

望远镜是用来照准目标，提供水平视线并在水准尺上进行读数的装置。图 2–4 是 DS_3 型水准仪望远镜的构造图，它主要由物镜、物镜调焦螺旋（调焦也称作对光）、十字丝分划板、目镜和目镜调焦螺旋等部件组成。

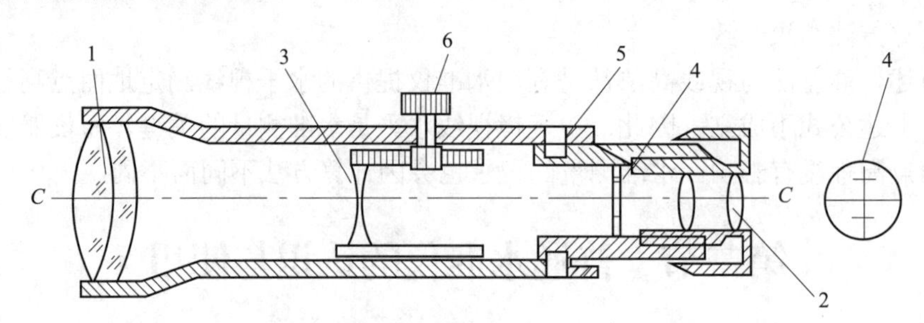

图 2–4　望远镜构造

1—物镜；2—目镜；3—调焦透镜；4—十字丝分划板；5—连接螺钉；6—调焦螺旋

物镜和目镜多采用复合透镜组。物镜的作用是通过转动物镜调焦螺旋，和调焦透镜一起将远处的目标（如水准尺）在十字丝分划板平面上形成缩小而明亮的实像；目镜的作用是将物镜在十字丝分划板上所成的实像（如水准尺的影像）与十字丝一起放大成虚像。

十字丝分划板是一块刻有分划线的透明薄平板玻璃片。分划板上互相垂直的两条长丝，称为十字丝，竖直的一条称为竖丝，横的一条称为中丝；中丝的上、下两条短丝称为视距丝，可用于测量仪器至目标点的距离。操作时，利用十字丝瞄准目标、读取水准尺读数。

十字丝交点与物镜光心的连线，称为视准轴（图 2–4 中的 *C*—*C*）。视准轴的延长线就是瞄准目标的视线。因此，视准轴水平时得到的就是水平视线。

（二）水准器

水准器是仪器整平的装置，通常有圆水准器、管水准器两种。

1. 圆水准器

圆水准器又称水准盒，容器里面装有酒精和乙醚的混合液，如图 2–5 所示。其顶面内壁磨成球面，中央刻有小圆圈，其圆心为圆水准器零点。过零点的球面法线称为圆水准器轴，

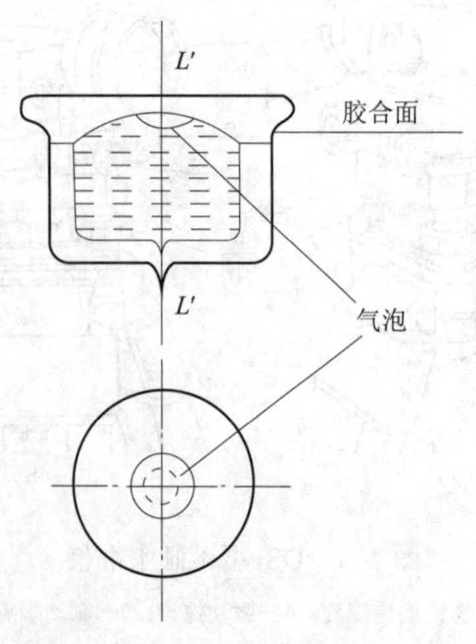

图 2–5　圆水准器

用 $L'L'$ 表示。当气泡中心与零点重合时，表示气泡居中。此时，圆水准器轴处于铅垂位置。气泡中心每偏离 2 mm，轴线所倾斜的角度称为圆水准器分划值。由于圆水准器的曲率半径较小，故其灵敏度较低，其分划值一般为 $8'$~$10'$/2 mm，只能用于粗略整平仪器。因圆水准器轴与仪器竖轴平行，当圆水准器气泡居中时仪器的竖轴就处于铅垂位置，所以，一般用圆水准器的气泡居中与否来判定竖轴是否铅直。

2. 管水准器

管水准器又称水准管，是一个内壁研磨成一定曲率的圆弧面、两端封闭的玻璃管，如图 2–6 所示。圆弧半径 R 一般为 7～20 m，玻璃管内装满乙醚和酒精的混合液体，加热融封，冷却后管内形成一个气泡。因气体较液体轻，故气泡恒处于管内的最高点。管壁上刻有间隔为 2 mm 的分划线，分划线的对称中点叫水准管零点。过零点与水准管内表面相切的直线称为水准管轴，用 LL 表示，即图 2–6 中的 L–L。当气泡的中心位于零点时，称为气泡居中。此时，水准管轴就处于水平位置。利用水准管轴 LL 到与视准轴 CC 相互平行的位置关系，当水准管气泡居中时，视准轴就达到精确水平。因此，水平视线就是借助水准管气泡居中获得的。

水准管上 2 mm 分划线之间的圆弧长所对的圆心角 τ 称为水准管分划值。即

$$\tau=\frac{2}{R}\rho \tag{2-5}$$

式中，ρ——1 弧度相应的秒值，ρ=206 265″/弧度；

R——水准管圆弧半径（mm）

分划值 τ 越小，水准管的灵敏度就越高，用来整平仪器的精度也就越高。DS_3 型微倾式水准仪的水准管分划值为 20″/2 mm。由于灵敏度高，因而用它来精确整置视准轴水平。

为了提高目估水准管气泡居中的精度和便于观测，目前微倾式水准仪都采用符合水准器。符合水准器是在水准管上方装有一组棱镜组，借助棱镜的反射作用，把水准管气泡两端各一半的影像传递到望远镜目镜旁的气泡观察窗内。当转动微倾螺旋时，在观察镜内可以看到两个半边气泡的像。如图 2–7（a）中两端气泡影像符合一致的情况表示气泡居中，若两端气泡影像错开如图 2–7（b）、（c）的情况，表示气泡不居中。此时，可旋转目镜下方右侧的微倾螺旋，调节气泡两端的影像吻合，达到整平视准轴的目的。

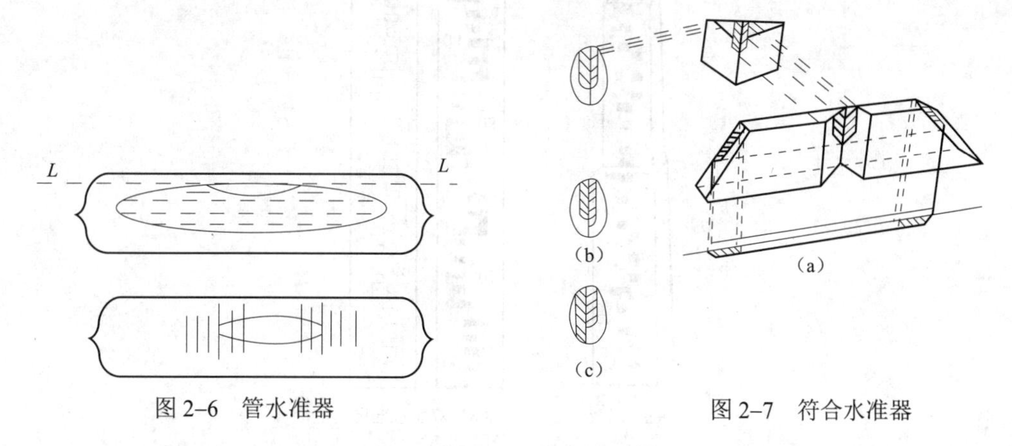

图 2–6 管水准器

图 2–7 符合水准器

符合水准器不仅便于操作，观察方便，更重要的是它把气泡偏离零点的距离放大一倍呈

现出来，从而提高了观察气泡居中的精度，即提高了置平仪器的精度。

（三）基座

基座主要由轴座、三个脚螺旋、三角形压板和连接板组成。其作用是支撑仪器的上部，即将仪器的竖轴插入轴座内旋转。脚螺旋用于调整圆水准器气泡居中。底板通过连接螺旋与下部三脚架连接。

水准仪除了上述三个主要部分外，还装有制动和微动螺旋，控制望远镜水平方向转动。粗略瞄准目标时，拧紧制动螺旋，调整微动螺旋进行精确瞄准。当松开制动螺旋时，微动螺旋也会失去作用。

二、水准尺和尺垫

（一）水准尺

水准测量时使用的标尺称为水准尺。常用干燥的优质木材或铝合金等材料制成。普通水准测量常用的水准尺有塔尺和双面水准尺两种。

1. 塔尺

塔尺全长 5 m，由三节尺段套接而成，可以伸缩。如图 2–8（a）所示。尺的底部从零起算，尺面为黑白格相间分划，分划格为 1 cm 或 0.5 cm；每分米处加一注字，表示从零点到此刻划线的分米值。分米的准确位置有的尺以字顶为准，有的尺以字底为准，使用时要注意认清分米的准确位置。在分米数值上方加的红点数表示米数，如 2 表示 1.2 m，3 表示 2.3 m 等。塔尺拉出使用时，一定要注意接合处的卡簧是否卡紧，数值是否连续。由于尺段接头处易于损坏和常有对接不准的差错，故塔尺多用于等外水准测量。当高差不大时，可只用第一节。由于携带方便，塔尺多用于建筑测量中。

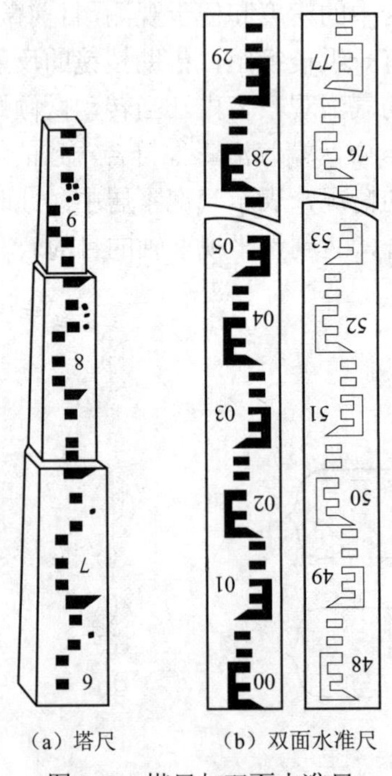

（a）塔尺　　（b）双面水准尺

图 2–8　塔尺与双面水准尺

2. 双面水准尺

双面水准尺又称板尺。如图 2–8（b）所示。尺长为 3 m，尺的两面分划格均为 1 cm，在每一分米处注有两位数，表示从零点到此刻划线的分米值。一面为黑白格相间的分划，称为黑面尺。黑面尺尺底从零起算，另一面为红白格相间的分划，称为红面尺。红面尺尺底以 4.687 m 或 4.787 m 起算。也就是说，双面尺的红面与黑面尺底不是从同一数开始，一般相差 4.678 m 或 4.787 m。通常是这样的两根水准尺组成一对使用。其目的是为了检核水准测量作业时读数的正确性。为了便于扶尺和竖直，在尺的两侧面装有把手和圆水准器。双面水准尺由于直尺整体性好，故多用于三、四等水准测量的施测。

（二）尺垫

尺垫一般用生铁铸成，如图 2–9 所示。在长距离的水准测量时，尺垫用作竖立水准尺和标志转点。尺垫中心部位凸起的圆顶，即为置尺的转点。在土质松软地段进行水准测量时，要将三个尖脚牢固地踩入地下，然后将水准尺立于圆顶上。这样，尺子在此转动方向时，高程不会改变。因此，尺垫仅限于高程传递的转点上使用，以防止观测过程中尺子位置改变而影响读数。

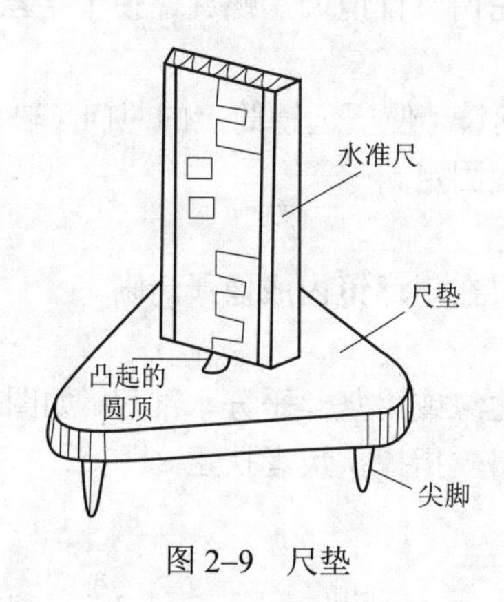

图 2–9　尺垫

三、水准仪的使用

水准仪的使用包括安置仪器、粗略整平、调焦与照准、精平与读数等基本操作步骤。

（一）安置仪器

仪器的安置是将仪器通过三脚架上的连接螺旋固定在其上的过程，具体步骤包括：

（1）三脚架的高度适中，使仪器的高度适合操作者，并使三条腿一长（比短腿长 2～3 cm）两短；

（2）将长腿和一短腿踏实，摆动另一短腿，使架头大致水平。如果在硬地面上安置仪器，至少要使三脚架的两个架尖插入缝隙中，以防仪器滑倒。

（二）粗略整平（简称粗平）

粗平的目的是借助圆水准器的气泡居中，使仪器竖轴大致竖直，从而使视准轴粗略水平。利用脚螺旋使圆水准器气泡居中的操作步骤如图 2–10 所示，用两手按相对方向转动脚螺旋 1 和 2，使气泡沿着 1–2 连线方向由 a 移至 b，再转动脚螺旋 3，使气泡由 b 移至中心。整平时气泡移动的方向与左手大拇指转动脚螺旋的方向一致。

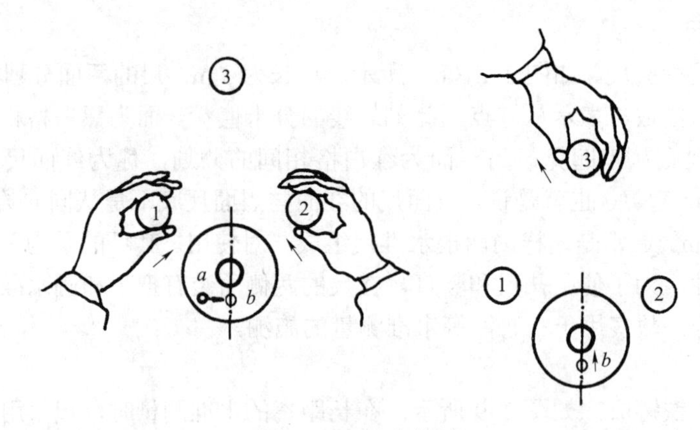

图 2–10　粗略整平

（三）调焦与照准

1. 目镜调焦

用望远镜瞄准目标之前，先调节目镜调焦螺旋，使十字丝成像达到最清晰。

2. 概略瞄准水准尺

先松开制动螺旋，旋转望远镜，使望远镜筒上的照门（缺口）和准星的连线瞄准水准尺，再适度旋紧制动螺旋，使望远镜固定。

3. 物镜调焦

转动物镜调焦螺旋使水准尺在望远镜内成像最清晰。

4. 精确照准

用十字丝竖丝照准水准尺边缘或用竖丝平分水准尺，如图 2–11 所示。以利于用横丝中央部分截取水准尺读数。若尺歪斜，指挥扶尺者扶正。

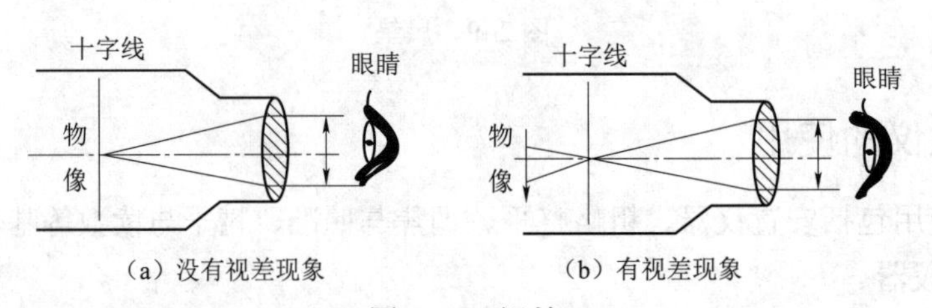

（a）没有视差现象　　（b）有视差现象

图 2–11　视差

5. 消除视差

当眼睛靠近目镜上下微微移动时，出现十字丝与目标相对晃动，十字丝在尺上的读数也随之变动，这种现象称为视差。产生视差的原因是目标成像的平面与十字丝平面不重合。视差将直接影响照准的精度，必须加以消除。因此，做好调焦不仅使目标成像清晰，而且必须成像在十字丝分划板平面上，如图 2–11（a）所示，物像与十字丝分划板平面重合，没有视差现象。如果调焦不好，目标的影像未落在十字丝分划板平面上，如图 2–11（b）所示，则有视差现象。

消除视差的方法是在十字丝成像清晰的基础上，进一步调节物镜对光螺旋，使十字丝、观测目标成像都很清晰，或者眼睛上下移动时尺上读数不变为止。也就是需要反复调节目镜调焦螺旋和物镜调焦螺旋消除视差。

（四）精平与读数

眼睛通过符合气泡观察窗观察水准管气泡，用右手缓慢而均匀地转动微倾螺旋，使符合水准器气泡两端的半像吻合，如图 2–12（c）所示，从而使望远镜视准轴精确地处于水平位置，称为精平。图 2–12 中（a）、（b）均表示气泡还未居中，需仔细调整微倾螺旋。

当确认水准管气泡居中时，应立即读出十字丝中丝在尺上的读数，依次读取米、分米、厘米值，并估读毫米值（注意：估读毫米数要取小值），读数以米为单位。读数前要首先弄清水准尺的分划与注记形式，读数时要按照从小到大数值增加方向读数。如图 2–13 所示，正确的读数为 1.337 m。

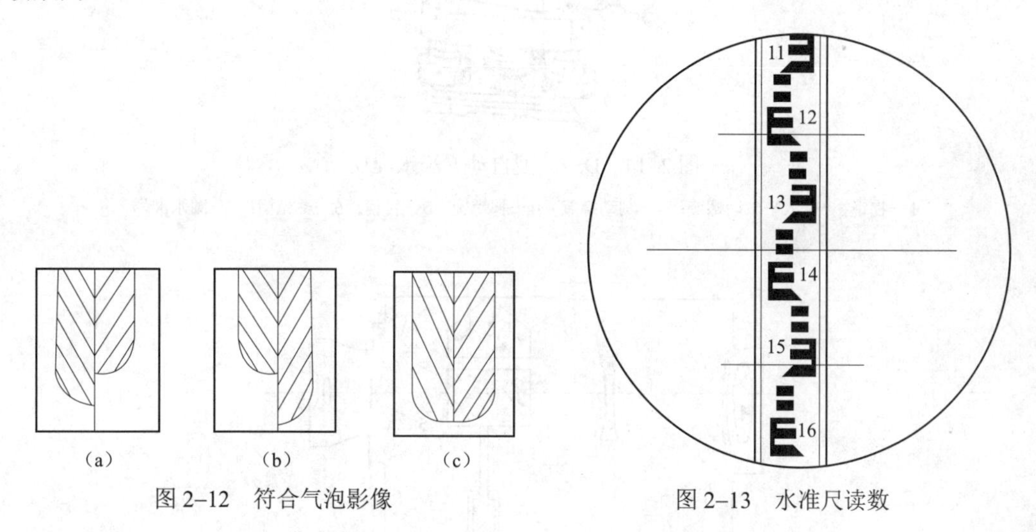

图 2–12　符合气泡影像

图 2–13　水准尺读数

精平与读数虽然是两项不同的操作程序，但在水准测量的实施过程中，应该将两项操作视为一个整体，即一边观察气泡吻合，一边观测水准尺读数，当气泡吻合精平后立即读数。读数后还须再检查气泡是否仍吻合。若气泡不吻合，则应重新精平、重新读数。

四、自动安平水准仪

自动安平水准仪也称自动补偿水准仪，是在微倾水准仪的基础上，取消了水准管和微倾螺旋，另装了补偿器，在仪器整平后照准轴仅有微小倾斜，经过物镜的水平光线通过补偿装置仍能达到十字丝中心，从而得到视准轴水平时的读数。但补偿器的补偿范围一般为±8′左右，使用时只要圆水准器的气泡居中，借助补偿器即可自动、迅速地获得水平视线，进而读取尺上读数。它不仅在一个方向上提供水平视线，而且能自动提供一个水平面，即在任何一个方向上都能读出视线水平时的读数。因此，这种仪器操作方便，可大大缩短观测时间；同时因风力和温度变化等引起的视线不水平，也可以由补偿器迅速调整，从而提高了观测精度。

自动安平水准仪的种类很多，图 2–14 是国产 DSZ_3 型自动安平水准仪外形图，图 2–15 是自动安平水准仪剖面结构示意图。该仪器的补偿器安装在调焦透镜和十字丝分划板之间，它的构造是在望远镜筒内装有固定屋脊透镜，两个直角棱镜则用交叉的金属丝吊在屋脊棱镜架上。当望远镜倾斜时，直角棱镜在重力作用下，与望远镜作相反的偏转，并借助阻尼器的作用很快地静止下来。

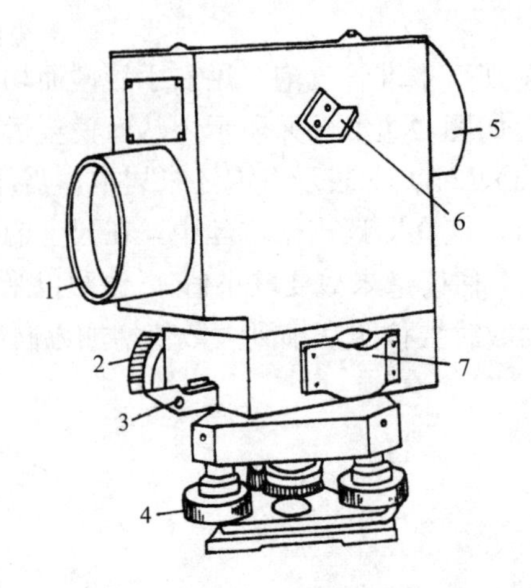

图 2-14 DSZ$_3$ 型自动安平水准仪

1—物镜；2—水平微动螺旋；3—制动螺旋；4—脚螺旋；5—目镜；6—反光镜；7—圆水准器

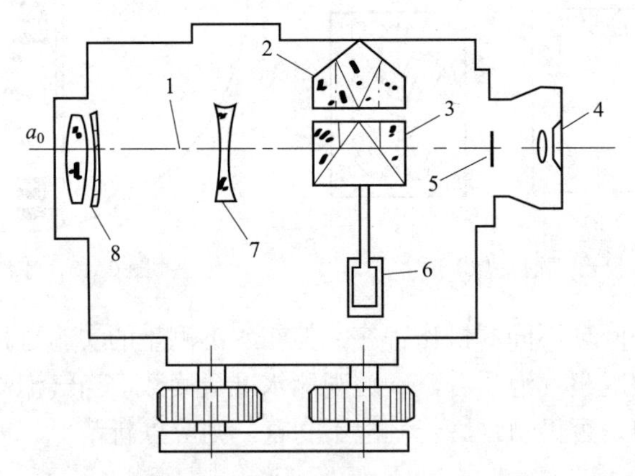

图 2-15 自动安平水准仪剖面结构

1—水平光线；2—固定屋脊棱镜；3—悬吊直角棱镜；4—目镜；5—十字丝分划板；

6—空气阻尼器；7—调焦透镜；8—物镜

补偿原理如图 2-16 所示。当望远镜视准轴倾斜了微小角α时，设直角棱镜也随之倾斜（图

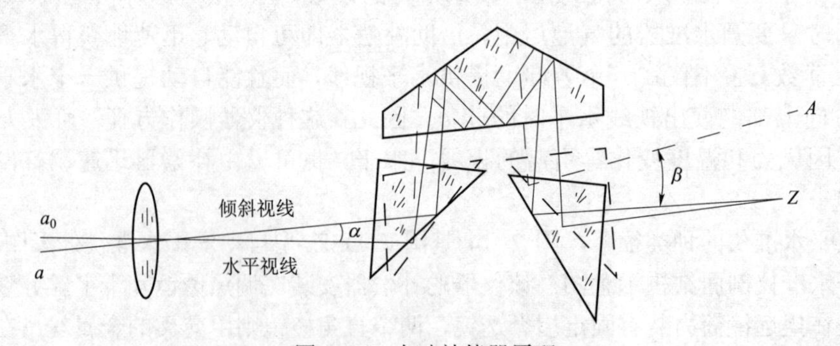

图 2-16 自动补偿器原理

中虚线位置），水平视线进入直角棱镜后，在补偿器中沿虚线行进，因未经补偿，所以不通过十字丝中心 Z 而通过 A。此时，十字丝交点的读数不是水平视线读数 a_0，而是 a。实际上，吊挂的两个直角棱镜在重力的作用下并不倾斜，而处于图中实线位置，相对于望远镜视准轴的倾斜方向作反相偏转了微小角 α，水平视线进入补偿器后，则沿着实线所示方向行进，最后偏离虚线角 $\beta=4\alpha$。在生产制作仪器时，适当地选择补偿器的位置，使水平视线恰好通过十字丝中心 Z，从而达到自动补偿的目的，读到视线水平时的读数 a_0。

自动安平水准仪自 20 世纪 50 年代问世以来，制造技术不断完善成熟，现已较全面地替代了微倾水准仪。自动安平水准仪的使用方法与微倾式水准仪大致相同，施测中安置仪器，整平圆水准器，照准目标消除视差后，即可用十字丝读数。有的自动安平水准仪的机械部分采用了摩擦制动（即无制动螺旋）控制望远镜的转动。

通常在自动安平水准仪的目镜下方安装有补偿器控制按钮，观测时轻轻按动按钮，若尺上读数无变化，则说明补偿器处于正常的工作状态，否则应进行检修。此按钮也可用于进行校核读数。

在使用、携带、运输自动安平水准仪的过程中，应尽量减少和避免剧烈振动，以免损坏补偿器。

第三节 水准测量观测、记录与计算

一、水准点（BM）

水准点是由测绘部门按国家规范埋设和测定的已知高程的固定点，作为引测附近高程点的依据。水准点分为永久性水准点和临时性水准点两种，如图 2–17 所示，一般用石料、金属或混凝土制成，其顶点表示水准点的高程位置。由水准点组成的国家高程控制网分为四个等级：一、二等是全国布设，三、四等是它的加密网。在施工测量中为控制场区高程，多在建筑物角上设置固定水准点或临时水准点，作为确定高程点的依据。在冻土地区，水准点应深埋在冰冻线以下 0.5 m。

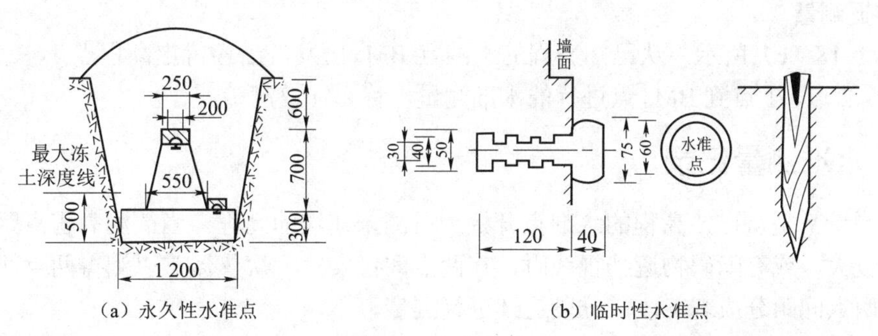

（a）永久性水准点　（b）临时性水准点

图 2–17 水准点

埋设水准点后，应编号并绘制点位地面略图，在图上要注明定位尺寸、水准点编号和高程，称为点之记，必要时设置指示桩，以便保管和使用。

二、水准测量测站的基本工作

安置一次仪器，测算两点间高差的工作是水准测量的基本工作，其主要工作内容有：安置仪器—读后视读数—读前视读数—记录与计算。安置仪器时尽量使前后视线等长，用三脚架与脚螺旋使水准器气泡居中；照准后视点、前视点的水准尺，对光消除视差，如果使用微倾水准仪，要检查读数前后水准管气泡是否居中；按顺序将读数记入表格中，经检查无误后，计算高差，再推算前视点高程，或由视线高推算前视点高程。记录的基本要求是保持原始记录，不得涂改或誊抄。

为避免水准测量成果中出现错误，保证测量的精度要求，根据测区的具体实际情况水准测量可分为闭合水准测量、附合水准测量和往返测量三种。

1. 闭合水准测量

如图 2–18（a）所示，从一个已知高程的水准点 BM_A 出发，沿各待定高程的点 1、2、3、4 进行水准测量，最后又回到原始出发的水准点 BM_A，称为闭合水准测量。

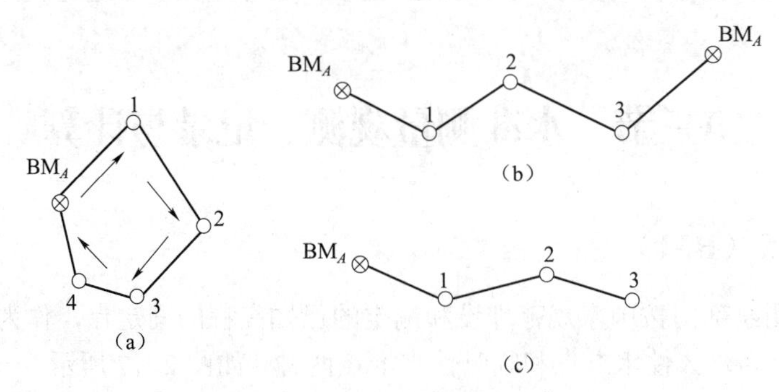

图 2–18　水准路线布设形式

2. 附合水准测量

如图 2–18（b）所示，从已知高程的水准点 BM_A 出发，沿各待定高程点 1、2、3 进行水准测量，最后附合到另一个已知高程的水准点 BM_B, 称为附合水准测量。

3. 往返测量

如图 2–18（c）所示，从已知高程的水准点 BM_A 出发，沿各待定高程点 1、2、3，再返测从 3 点、2 点、1 点到 BM_A 点进行的水准测量，称为往返测量。

三、水准测量记录

水准测量都是从已知高程的水准点开始，引测未知点的高程。当欲测高程点距水准点较远或高差较大，或有障碍物遮挡视线时，在两点间仅安置一次仪器难以测得两点间的高差，此时应把两点间距分成若干段，分段连续进行测量。

下面分别以高差法和仪高法，用实例说明普通水准测量的施测、记录和计算方法。

（一）高差法

如图 2–19 所示，已知 A 点高程 H_A=43.150 m，现欲测定出 B 点高程 H_B。可先在 A、B 之间增设若干个临时立尺点，将 AB 路线分成若干段，然后由 A 点向 B 点逐段连续安置仪器，分段测定高差。具体观测步骤如下。

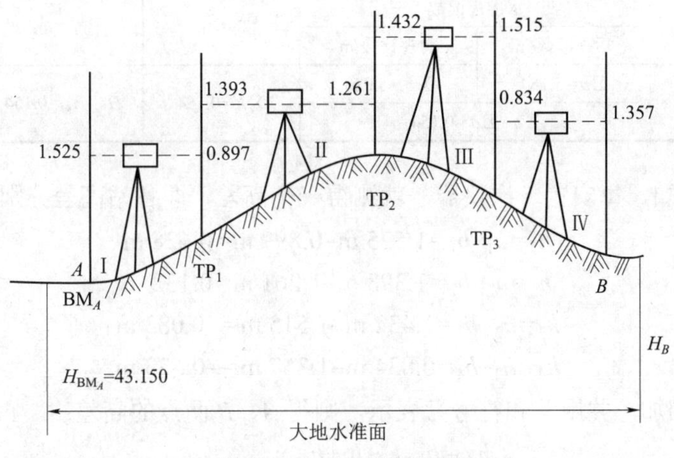

图 2–19　水准测量施测

在距 A 约 100～200 m 处选定 TP_1 点，分别在 A 和 TP_1 点竖立水准尺，在距 A 点与 TP_1 点大致等距离的Ⅰ处安置水准仪，将仪器粗略整平，后视 A 点上的水准尺，精平后读取 A 尺后视读数 a_1=1.525 m，旋转望远镜，前视 TP_1 点上的水准尺，精平后读取 TP_1 尺上前视读数 b_1=0.897 m，则 A 点与 TP_1 点之间高差为：

$$h_1=a_1-b_1=0.628\text{ m}$$

TP_1 点的高程：

$$H_{TP_1}=H_A+h_1=43.778\text{ m}$$

以上完成第一个测站的观测与计算工作。

然后，将水准仪搬至测站Ⅱ处安置，将点 TP_1 上的尺面在原处反转过来，变为测站Ⅱ的后视尺，点 A 上的尺子向前移至 TP_2，按照测站Ⅰ的工作程序进行测站Ⅱ的工作。按上述步骤依次沿水准路线前进方向，连续逐站进行施测，直至测定到终点 B 的高程为止。水准测量的观测、记录与计算见表 2–1。

表 2–1　水准测量记录手簿（高差法）

日期：＿＿＿＿＿＿　仪器：＿＿＿＿＿＿　观测人：＿＿＿＿＿＿

天气：＿＿＿＿＿＿　地点：＿＿＿＿＿＿　记录人：＿＿＿＿＿＿

测站	测点	水准尺读数		高差/m	高程/m	备注
		后视读数/m	前视读数/m			
Ⅰ	BM_A	1.525		+0.628	43.150	已知点高程
Ⅱ	TP_1	1.393	0.897	+0.132	43.778	
Ⅲ	TP_2	1.432	1.261	−0.083	43.910	
Ⅳ	TP_3	0.834	1.515	−0.523	43.827	
	B		1.357		43.304	待定点高程

续表

测站	测点	水准尺读数		高差/m	高程/m	备注
		后视读数/m	前视读数/m			
计算校核		$\Sigma a=5.184$	$\Sigma b=5.030$	$\Sigma h=0.154$	$H_{终}-H_{始}=0.154$	结论：计算无误
		$\Sigma a-\Sigma b=0.154$				

由图 2–19 可知，每安置一次仪器，就测得一个高差，即各站高差分别为：

$$h_1=a_1-b_1=1.525\text{ m}-0.897\text{ m}=0.628\text{ m}$$
$$h_2=a_2-b_2=1.393\text{ m}-1.261\text{ m}=0.132\text{ m}$$
$$h_3=a_3-b_3=1.432\text{ m}-1.515\text{ m}=-0.083\text{ m}$$
$$h_4=a_4-b_4=0.834\text{ m}-1.357\text{ m}=-0.523\text{ m}$$

将以上各式相加，并用总和符号Σ表示，则得 A、B 两点的高差：

$$\begin{aligned}h_{AB}&=h_1+h_2+h_3+h_4\\&=(a_1+a_2+a_3+a_4)-(b_1+b_2+b_3+b_4)\\&=\Sigma h=\Sigma a-\Sigma b\end{aligned} \tag{2–6}$$

即 A、B 两点高差等于各段高差之代数和，也等于后视读数的总和减去前视读数的总和。

若逐站推算高程，则有下列各式：

$$H_{TP_1}=H_A+h_1=43.150\text{ m}+0.628\text{ m}=43.778\text{ m}$$
$$H_{TP_2}=H_{TP_1}+h_2=43.778\text{ m}+0.132\text{ m}=43.910\text{ m}$$
$$H_{TP_3}=H_{TP_2}+h_3=43.910\text{ m}+(-0.083)\text{ m}=43.827\text{ m}$$
$$H_{TP_4}=H_{TP_3}+h_4=43.827\text{ m}+(-0.523)\text{ m}=43.304\text{ m}$$

分别填入表 2–1 相应栏内。

最后由 B 点高程 H_B 减去 A 点高程 H_A，应等于Σh，即：

$$H_B-H_A=\Sigma h \tag{2–7}$$

为了保证记录表中数据的计算正确，应对记录表中每一页所计算的高差和高程进行计算检核。根据式（2–6）、式（2–7）得到计算检核公式（2–8），即高差总和、后视读数总和减去前视读数总和、B 点高程与 A 点高程之差，这三个数应相等。若不相等，则说明计算有错。

$$\Sigma h=\Sigma a-\Sigma b=H_{终}-H_{始} \tag{2–8}$$

例如在表 2–1 中：

$$\Sigma h=0.154$$
$$\Sigma a-\Sigma b=0.154$$
$$H_{终}-H_{始}=0.154$$

三者相同，说明计算没有错误。

在图 2–19 中，BM_A 与 B 之间的临时立尺点 TP_1、TP_2，TP_3 是高程传递点，称为转点，通常用“TP”表示。在转点上既有前视读数，也有后视读数。转点高程的施测、计算是否正确，直接影响待定点高程的准确，是事关全局的重要环节。通常这些转点都是临时选定的立尺点，并没有固定的标志，所以立尺员在每一个转点上必须等观测员读完前、后视读数并得到观测员的准许后才能移动（即相邻前、后两测站观测中的转点位置不得变动）。

由上述可知，长距离的水准测量，实际上是水准测量基本操作方法、记录与计算的重复连续性工作，因而应养成操作按程序、记录与计算依顺序进行的工作习惯。

（二）仪器高法

仪器高法测高程的施测步骤与高差法基本相同，如图 2–20 所示。在相邻两测站之间出现了中间点 1、2、3，它是待测的高程点，而不是转点。在测站 I 上，除读出 TP_1 点上的前视读数 1.310 m 外，还要读取中间点尺上的读数，如 1 点尺上的读数为 1.585 m、2 点尺上的读数为 1.312 m、3 点尺上读数为 1.405 m，以便求出中间点地面高程。中间点尺上的读数称为中间前视。中间点只有前视读数，与 TP_1 使用同一视线高，而无后视读数。记录与计算见表 2–2 相应栏。

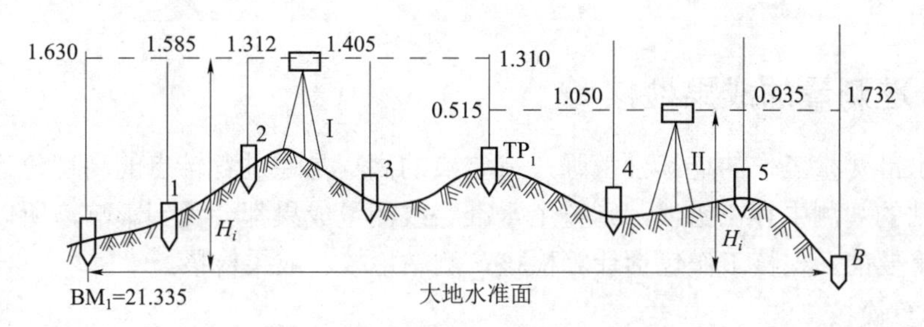

图 2–20　仪器高法水准测量施测

表 2–2　水准测量记录手簿（仪器高法）

日期：＿＿＿＿＿　仪器：＿＿＿＿＿　观测人：＿＿＿＿＿

天气：＿＿＿＿＿　地点：＿＿＿＿＿　记录人：＿＿＿＿＿

测站	测点	后视读数/m	视线高/m	前视读数/m		高程/m	备注
				转点	中间点		
I	BM_1	1.630	22.965			21.335	
	1				1.585	21.380	
	2				1.312	21.653	
	3				1.405	21.560	
II	TP_1	0.515	22.170	1.310		21.655	
	4				1.050	21.120	
	5				0.935	21.235	
	B			1.732		20.438	
计算检核	$\sum a=2.145$ $\sum a-\sum b=-0.897$			$\sum b=3.042$（不包括中间点） $H_{终}-H_{始}=20.438-21.335$ $=-0.897$ 结论：计算无误			

仪器高法的计算方法与高差法不同，须先计算仪器视线高程 *H*，再推算前视点和中间点高程。为了减少高程传递误差，观测时应先观测转点，后观测中间点。计算过程如下。

第 I 测站：

$$H_i=21.335\ \text{m}+1.630\ \text{m}=22.965\ \text{m}$$

$$H_1=22.965\text{ m}-1.585\text{ m}=21.380\text{ m}$$
$$H_2=22.965\text{ m}-1.312\text{ m}=21.653\text{ m}$$
$$H_3=22.965\text{ m}-1.405\text{ m}=21.560\text{ m}$$
$$H_{TP_1}=22.965\text{ m}-1.310\text{ m}=21.655\text{ m}$$

第Ⅱ测站：

$$H_i=21.655\text{ m}+0.515\text{ m}=22.170\text{ m}$$
$$H_4=22.170\text{ m}-1.050\text{ m}=21.120\text{ m}$$
$$H_5=22.170\text{ m}-0.935\text{ m}=21.235\text{ m}$$
$$H_B=22.170\text{ m}-1.732\text{ m}=20.438\text{ m}$$

最后由 B 点高程 H_B 减去 A 点高程 H_A，应等于 $\sum a-\sum b$。在计算 $\sum b$ 时，应剔除中间点读数。

四、水准测量的成果检核

长距离水准测量工作的连续性很强，待定点的高程是通过各转点的高程传递而获得的。若在一个测站的观测中存在错误，则整个水准路线测量成果都会受到影响，所以水准测量的检核是非常重要的。检核工作包括计算检核、测站检核、成果检核。

（一）计算检核

通过计算检核发现记录手簿中的高差和高程计算是否有误。如式（2–8）观测记录中的计算检核，等式成立说明计算正确，否则计算有误。计算检核无误只能说明按表中数字计算没有错误，不能说明观测、记录及起始点位和高程有无差错。

（二）测站检核

通过测站检核及时发现和纠正施测过程中因观测、读数、记录等原因导致的高差错误。为保证每个测站观测高差的正确性，必须进行测站检核。测站检核的方法有双仪器高法和双面尺法两种。

1. 双仪器高法

在同一个测站上用两次不同的仪器高度分别测定高差，用两次测定的高差值相互比较进行检核。即测得第一次高差后，改变水准仪视线高度大于 10 cm 以上重新安置，再测一次高差。两次所测高差之差对于等外水准测量容许值为±6 mm。对于四等水准测量容许值为±5 mm。超过此限差，必须重测，若不超过限差时，可取其高差的平均值作为该站的观测高差。

2. 双面尺法

在同一个测站上，仪器的高度不变，根据立在前视点和后视点上的双面水准尺，分别用黑面和红面各进行一次高差测量，用两次测定的高差值相互比较进行检核。两次所测高差之差的限差与双仪高法相同。同时每一根尺子红面与黑面读数之差与常数（4.687 m 或 4.787 m）之差，不超过 3 mm（四等水准测量）或 4 mm（等外水准测量），可取其高差的平均值作为该站的观测高差，若超过限差，必须重测。

（三）成果检核

测站检核只能检核一个测站上是否存在错误或误差是否超限。仪器误差、估读误差、转点位置变动的错误、外界条件影响等，虽然在一个测站上反映不明显，但随着测站数的增多，就会使误差积累，就有可能使误差超过限差。因此为了正确评定一条水准线路的测量成果精度，应该进行整个水准路线的成果检核。水准测量成果的精度是根据闭合条件来衡量的，即将路线上观测高差的代数和值与路线的理论高差值相比较，用其差值的大小来评定路线成果的精度是否合格。如闭合水准测量各段高差的代数和应等于零，即$\sum h_{理}=0$；附合水准测量各段实测高差的代数和应等于两端已知水准点间的高差值，即$\sum h_{理}=H_{终}-H_{始}$；往返测量中往测高差与返测高差，应大小相等，符号相反，即

$$|\sum h_{往}|=-|\sum h_{返}|$$

向现场引测高程点时，最好使用附合水准测量，因为附合水准测量方法以两个水准点高程为依据，如果某个点位变动或高程数用错了，在成果计算中很容易被发现。而闭合测量和往返测量只以一个已知高程点为依据，在最后成果中均无法发现。

1. 高差闭合差

事实上，由于测量值含有不可避免的误差，因此，观测高差代数和常常不等于理论值，二者的差值称为高差闭合差，用f_h表示，即$f_h=\sum h_{测}-\sum h_{理}$。而往返测量的高差闭合差$f_h=h_{往}+h_{返}$。

《建筑施工测量技术规程》规定，高差闭合差的允许值可用下式计算（四等水准测量）：

$$平地\quad f_{h允}=\pm 20\sqrt{L}\ \text{mm}$$

$$山地\quad f_{h允}=\pm 6\sqrt{n}\ \text{mm}$$

式中，$f_{h允}$为高差闭合差的允许误差，单位为 mm；L 为闭合或附合水准测量路线总长，单位为 km；n 为测站总数。

若高差闭合差小于或等于允许误差，即$f_h \leqslant f_{h允}$，表示实测精度合格，不仅能说明按表中数字计算没有错，还能说明观测、记录及起始点位和高程均没有差错；否则应返工重测。

2. 高差闭合差的调整

当高差闭合差小于或等于允许误差时，闭合或附合水准测量可将高差闭合差反号按与测站数或距离成正比例分配到各段的高差上，用调整后的高差计算待定点的高程。

如图 2–19 所示，当H_B=43.312 m 时，其附合水准测量的观测、记录，TP_1、TP_2、TP_3点高程及计算校核、成果校核，如表 2–3 所示。

表 2–3　水准测量记录与成果计算

日期：＿＿＿＿＿　仪器：＿＿＿＿＿　观测人：＿＿＿＿＿

天气：＿＿＿＿＿　地点：＿＿＿＿＿　记录人：＿＿＿＿＿

测站	测点	水准尺读数		高差/m	高程/m	备注
		后视读数/m	前视读数/m			
I	BM_A	1.525			43.150	已知点高程
				+2 +0.628		
II	TP_1	1.393	0.897		43.780	
				+2 +0.132		
III	TP_2	1.432	1.261		43.914	
				+2 −0.083		
IV	TP_3	0.834	1.515		43.833	
				+2 −0.523		
	BM_B		1.357		43.312	已知点高程

续表

<table>
<tr><td rowspan="2">测站</td><td rowspan="2">测点</td><td colspan="2">水准尺读数</td><td rowspan="2">高差/m</td><td rowspan="2">高程/m</td><td rowspan="2">备注</td></tr>
<tr><td>后视读数/m</td><td>前视读数/m</td></tr>
<tr><td colspan="2" rowspan="2">计算校核</td><td>$\Sigma a=5.184$</td><td>$\Sigma b=5.030$</td><td rowspan="2">$\Sigma h=0.154$</td><td rowspan="2">$H_{终}-H_{始}$
$=0.162$</td><td rowspan="2">结论：计算无误</td></tr>
<tr><td colspan="2">$\Sigma a-\Sigma b=0.154$</td></tr>
<tr><td colspan="2">成果校核</td><td colspan="5">$f_h=\Sigma h_{测}-\Sigma h_{理}=0.154-0.162=-0.008\ \text{m}=-8\ \text{mm}$
$f_{h允}=\pm 6\sqrt{n}=\pm 6\sqrt{4}=\pm 12\ \text{mm}$
$|f_h|<|f_{h允}|$ 说明精度符合要求
测站改正数 $v=-\frac{f_h}{n}=\frac{-8}{4}=2\ \text{mm}$</td></tr>
</table>

闭合水准测量的成果校核可参考表 2–3 进行。往返测量可取高差的平均值作为最后值，符号以往测为准。

五、点的高程位置测设

已知高程的测设就是利用水准测量的方法，根据施工现场已有的水准点，将已知的设计高程在现场作业面上标定出来。

如图 2–21 所示，在某设计图纸上已确定建筑物的室内地坪设计高程 $H_{设}$为 21.500 m，附近有一水准点 A，其高程为 H_A=20.950 m。现在要把该建筑物的室内地坪高程放样到木桩 B 上，作为施工时控制高程的依据。其施测方法如下。

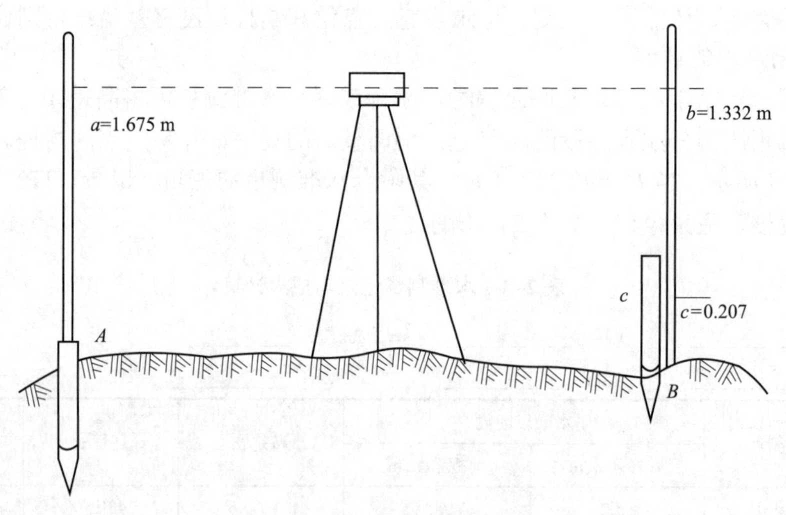

图 2–21　已知高程的测设

（1）安置水准仪于 A、B 之间，在 A 点竖立水准尺，测得后视读数为 a=1.675 m。

（2）在 B 点处设置木桩，在 B 点地面上竖立水准尺，测得前视读数为 b=1.332 m。

（3）计算：视线高

$$H_i=H_A+a=20.950\ \text{m}+1.675\ \text{m}=22.625\ \text{m}$$

室内地坪标高（设计高程）在 B 点水准尺的位置 c：

$$c=H_{设}-(H_i-b)=21.500-(22.625-1.332)=0.207\ \text{m}$$

（4）与水准尺 0.207 m 处对齐，在木桩上划一道红线，此线位置就是室内地坪设计高程的位置。

另外一种测设高程的方法是：根据视线高程的地坪设计高程，算出 B 点水准尺尺底零点在地坪设计高程位置时尺上应有的读数：

$$b_{应}=H_i-H_{设} \tag{2-9}$$

然后将水准尺紧靠 B 点木桩侧面上下移动，直到水准尺读数为 $b_{应}$时，沿尺底零点在木桩侧面画线，此线位置就是室内地坪设计高程的位置。

在需要向低处或高处传递高程时，如深基坑或高层建筑物传递高程，水准尺的长度显然不够，这时可借助钢尺进行高程的上、下传递。如图 2–22 所示，欲在深基坑内设置一点 B，使其高程为 $H_{设}$。设地面附近有一水准点 A，其高程为 H_A。测设时可在坑边架设吊杆，杆顶吊一根零点向下的钢尺，尺的下端挂上重 10 kg 的重锤，在地面和坑内各安置一台水准仪，设地面的水准仪在 A 点所立的尺上读数为 a_1，在钢尺上的读数为 b_1，坑底水准仪在钢尺上的读数为 a_2。当 B 点尺底高程为 $H_{设}$时，B 点所立水准尺上的读数应为：

$$b_{应}=(H_A+a_1)-(b_1-a_2)-H_{设} \tag{2-10}$$

然后改变钢尺悬挂位置，再次观测，以便检核。

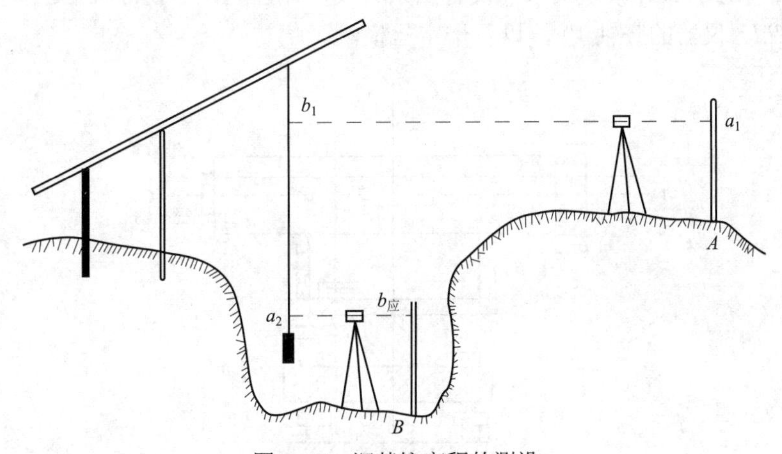

图 2–22　深基坑高程的测设

六、水准测量的注意事项

水准测量要求全组工作人员分工明确、密切配合，如果有一项操作疏忽大意，会导致整个测量工作返工，为此，各项工作环节应注意以下事项。

1. 观测

观测前必须对仪器进行检验与校正；安置仪器要稳，防止下沉和碰动，前后视线尽量相等；观测过程中，手不要扶脚架；在土质松软地区作业时，转点处应该使用尺垫。搬站时要保护好尺垫，不得碰动，避免传递高程产生错误；读数时要尽量消除视差，准确迅速读数；每次读数前后检查水准管气泡是否严格居中，确保视线水平。

前后视线相等，可以消除水准管轴不平行于视准轴的误差，抵消弧面差和折光差的影响，减少对光，提高观测精度和速度。

2. 记录

记录员听到读数后要复述读数，再记入表格，如读错、记错，可将错数用斜线划掉，在其上方填上正确读数或重测，不允许先写在稿纸上，而后转抄；记录过程中的简单计算，如加、减、取平均值应随记随算，做好校核。测站检核无误后，方可迁站。

3. 扶尺

扶尺员要站正，双手扶尺，手不遮尺面，尺身铅直，防止前、后、左、右倾斜；使用塔尺时要注意接口处，防止上截尺下滑造成读数错误；选择转点要牢固。

第四节　普通水准仪的检验

水准仪的检定是根据《水准仪检定规程》（JJG 425—2003）进行。检定周期一般不超过一年，需根据使用环境条件和使用频率而定。经检定符合规程要求的仪器，发给检定合格证书，并注明相应等级；检定不合格的仪器，发给检定结果通知书，并注明不合格项目。

一、水准仪的轴线及其应满足的条件

如图 2–23 所示，DS_3 微倾式水准仪有四条轴线，即望远镜的视准轴 *CC*、水准管轴 *LL*、圆水准器轴 *L′L′*、仪器的竖轴 *VV*，以及十字丝横丝。

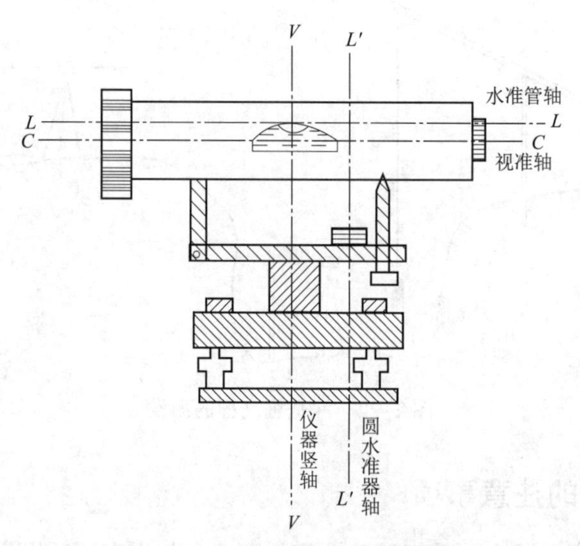

图 2–23　水准仪的主要轴线

根据水准测量原理，水准仪必须准确地提供一条水平视线，才能正确地测定地面两点间的高差。视线是否水平，完全是依据水准管气泡是否居中来判断的。因此，① 水准仪必须满足视准轴平行于水准管轴（*CC*∥*LL*），这是水准仪的主要条件。其次，为了加快用微倾螺旋精确整平的过程，精平前要求仪器的竖轴处于竖直位置。竖轴的竖直是借助圆水准器气泡居中，使圆水准器轴竖直来实现的。因此，② 水准仪还应满足圆水准器轴平行于仪器竖轴（*L′L′*∥*VV*）的条件。当圆水准器气泡居中时，竖轴就竖直。这样，仪器转动至任何方向时，水准管的气泡都不至于偏差太多，调节微倾螺旋就能快速使水准管气泡居中，达到精平的目的。此外，③ 还要求满足十字丝横丝垂直于仪器竖轴的条件。即当仪器整平后，竖轴就竖直，若十字丝横丝垂直于竖轴，则横丝就处于水平位置。这样，在水准尺上读数可以不必用十字丝交点，而且横丝的任一部位在水准尺上读数都是正确的，提高读数的精度和速度。

上述几何条件在仪器出厂时经检验都是满足的，但是由于长期使用或运输过程的振动等客观因素的影响、各部分之间的几何关系会逐渐有所变化，因此，在正式作业之前，必须对仪器进行检核和校正以便于保证测量成果的精度。

二、水准仪的检验与校正方法

（一）圆水准器轴应平行于仪器竖轴

检校目的：检验圆水准器轴是否平行于仪器的竖轴。如果两轴是平行的，即 $L'L' // VV$，则当圆水准器气泡居中时，仪器的竖轴就处于铅垂位置。

检验方法：安置仪器后，转动脚螺旋使圆水准器气泡居中，如图 2–24（a）所示，此时圆水准器轴处于铅垂位置，然后将仪器绕竖轴旋转 180°，如果气泡仍居中，说明圆水准器轴平行于竖轴。如果气泡偏离零点，说明两轴不平行，如图 2–24（b）所示。

由图 2–24（a）可知，当圆水准器气泡居中时，圆水准器轴处于铅垂位置。由于圆水准器轴不平行于竖轴（两轴交角为δ），竖轴相对铅垂线倾斜了一个δ角。当仪器绕倾斜的竖轴旋转 180°之后，圆水准器轴由竖轴左侧转至竖轴右侧，而两轴交角δ未变，则圆水准器轴与铅垂线成2δ角，如图 2–24（b）所示。即气泡偏离零点 2δ，此时需要校正。

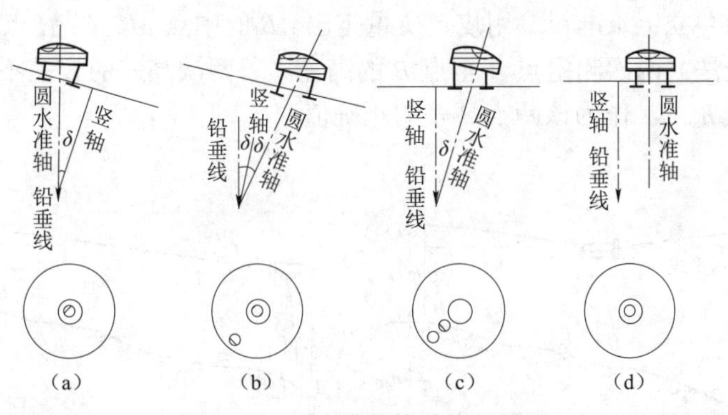

图 2–24 圆水准器检验校正原理

校正方法：转动脚螺旋使气泡向中心方向移动偏离值的一半，如图 2–24（c）所示，此时竖轴处于竖直位置（因为仪器的竖轴与圆水准器轴夹角为δ，所以转动脚螺旋使气泡向中心方向移动偏距的一半，就达到竖轴处于铅垂位置的目的），但圆水准器轴仍偏离铅垂线δ角，此时再拨动圆水准器校正螺丝使气泡居中，则圆水准器轴也处于铅垂位置了，如图 2–24（d）所示，即圆水准器轴平行于仪器竖轴。

此项校正因校正量（气泡偏离的一半）是目估的，因此检验与校正难以一次完成，需反复进行，直到仪器旋转到任何位置，圆水准器气泡都居中为止。校正完毕后，应注意拧紧固紧螺丝。

（二）十字丝横丝应垂直于竖轴

检校目的：检验十字丝横丝是否垂直于竖轴，如果横丝垂直于竖轴，则横丝处于水平位置，根据横丝的任何部位在尺上读数都应该是相同的。

检验方法：整平仪器后，用十字丝横丝的一端对准远处一清晰固定点 M，如图 2–25（a）所示，旋紧制动螺旋，再转动微动螺旋使望远镜缓慢移动，如果标志点 M 始终在横丝上移动，说明横丝垂直于竖轴，如图 2–25（b）所示。如果 M 点离开横丝，如图 2–25（c）、（d）所示，则需校正。

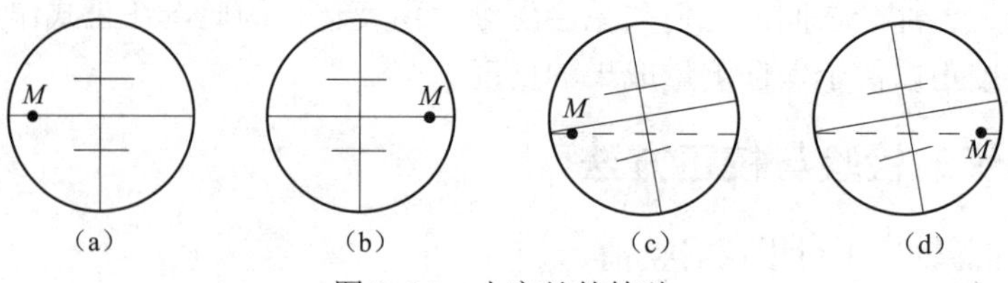

图 2–25　十字丝的检验

校正方法：旋下十字丝护罩，松开十字丝分划板座的固定螺丝，微微转动板座，使十字丝与 M 点的轨迹一致（横丝不离开 M 点为止），再将固定螺丝拧紧，旋上护罩。

当此项误差不明显时，一般不必进行校正。因为在实际作业中，通常总是利用横丝的中央部分读数。

（三）视准轴应平行于水准管轴

检校目的：检验视准轴是否平行于水准管轴。如果平行，即 $CC /\!/ LL$，则当水准管气泡居中时，视准轴水平。

检验方法：如图 2–26（a）所示，首先在平坦地面上，选择 A、B 两点，相距约 100 m，打下木桩标定点位并立上水准尺。用皮尺丈量定出 AB 的中点 M，在 M 点安置水准仪。用双仪高法（或双面尺法）两次测定点 A 至点 B 的高差。若两次高差的较差不超过 3 mm 时，取两次高差的平均值 $h_{平均}$，作为该两点高差的正确值。

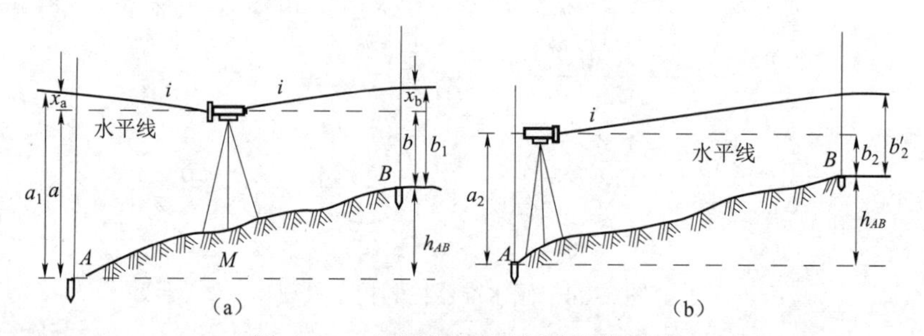

图 2–26　水准管轴平行视准轴的检验

由图 2–26（a）可以看出：如果视准轴不平行于水准管轴，它们之间的交角为 i，一般称为 i 角误差。因 i 角的存在，在观测水准尺时将引起读数误差 x。当水准管气泡居中时，视准轴不水平，而与水平线倾斜 i 角。由于 i 角是固定的，则 i 角所引起的读数偏差 x 的大小与仪器到水准尺的距离成正比例。在图 2–26（a）中，由于仪器安置在 M 点与 A、B 两点的距离相等，因此，i 角误差在 A、B 尺上所引起的读数偏差 x_a 与 x_b 相等（等距离产生相等读数偏差）：

$$h_{AB}=(a_1-X_a)-(b_1-X_b)=(a_1-b_1)$$

由此可见，虽然存在 i 角误差，但当仪器置前、后视距相等时，读数中虽含有两轴不平行的误差，但误差的大小是相等的，因此在计算高差时，此项误差可以抵消，故求得的高差仍然是正确的。这是在水准测量中要求前、后视距尽量相等的原因。

然后，将水准仪安置于 A 点（或 B 点）附近。如图 2–26（b）所示，使目镜端距 A 点水准尺 2～3 m，精确整平水准仪，当水准管气泡居中时，从目镜端读得 A 点水准尺上的读数为 a_2。因为仪器离 A 点很近，故 i 角引起的读数偏差可忽略不计，a_2 可认为是水平视线的读数。根据 a_2 和高差 h 平均计算出 B 点水准尺的上水平视线的应有读数 b_2 为：

$$b_2=a_2-h_{AB} \tag{2–11}$$

转动望远镜瞄准 B 点尺，精平后读取 B 点尺上的读数为 b_2'，如果 $b_2'=b_2$，则说明水准管轴与视准轴平行；如果 $b_2 \neq b_2'$，则说明水准管轴与视准轴不平行，存在 i 角误差，其值为：

$$i=\frac{b_2'-b_2}{D_{AB}}\rho'' \tag{2–12}$$

式中，D_{AB}=A、B 两点间距离

$$\rho=206\,265''$$

在测量规范中规定：DS_3 型水准仪 i 角不得大于 20″，否则应对水准仪进行校正。其实，也可根据 b_2 与 b'_2 的差值 $\Delta b=b_2'-b_2$ 来判断 i 角误差是否超限，即其值应满足下式：

$$\Delta b \leqslant \pm 20'' \times \frac{D_{AB}}{\rho''} \tag{2–13}$$

式中，D_{AB}=A、B 两点间距离

$$\rho=206\,265''$$

如果超限，则需要进行校正。

校正方法：首先转动微倾螺旋，用中丝对准 B 点水准尺上读数 b_2，此时视准轴处于水平位置，而水准管气泡不居中（或符合水准管器的气泡两端半影像错开），然后放松水准管左右两个校正螺丝，再拨动一端上下两个校正螺丝，使水准管气泡居中（或符合水准器气泡吻合），最后再拧紧左右两个校正螺丝。此项校正应反复进行，直至 $i \leqslant 20''$ 为止。

水准仪的检验与校正一定要按照上面所讲次序进行，不能颠倒，否则彼此有影响，达不到检验与校正的目的。检校是一项细致工作，一般需按上述顺序反复进行数次，才能符合要求。校正时应谨慎地轻轻拨动各校正螺丝，松紧适度，切忌用力过猛。若欲拨紧一个时，须先放松与之对应的一个，以免损坏螺丝。校正时切记：校正原理要弄清，校正动作慎又轻，先松后紧防损坏，校后尚需再复检，最后勿忘将松开的校正螺丝旋紧。

自动安平水准仪视准轴水平的检验方法与微倾水准仪完全相同，但校正方法是打开目镜保护盖，调节十字丝分划板校正螺丝，使视线与 B 点尺上读数 b_2 重合，则视准轴水平。

水准仪的保养要三防，即防振、防潮、防晒；重点保护好目镜与物镜镜片，不得用一般擦布直接擦抹镜片。若镜片落有尘物，最好用毛刷掸去或用专用纸擦拭。

教学小结

● 测定地面点高程的工作，称为高程测量，高程测量是测量的三项基本工作之一。水准测量原理是利用水准仪提供一条水平线，借助竖立在地面点的水准尺，直接测定地面上各点

间的高差，然后根据其中一点的已知高程，推算其他各点的高程。测定点的高程方法有高差法和仪器高法两种。

● 水准测量所用的仪器和工具有水准仪、水准尺和尺垫三种。DS_3 型微倾水准仪由望远镜、水准器和基座等部件构成。望远镜是用来照准目标，提供水平视线并在水准尺上进行读数的装置，其中物镜的作用是通过转动物镜调焦螺旋，和调焦透镜一起将远处的目标（如水准尺）在十字丝分划板平面上形成缩小而明亮的实像；目镜的作用是将物镜在十字丝分划板上所成的实像（如水准尺倒立的影像）与十字丝一起放大成虚像；水准仪分为圆水准器和管水准器，圆水准器用来粗略整平，管水准器主要用来精确整平。水准尺有双面水准尺和塔尺两种，其中，双面尺的红面与黑面尺底不是从同一数开始，一般相差 4.678 m 或 4.787 m，这样的两根水准尺组成一对使用，其目的是为了检核水准测量作业时读数的正确性。尺垫用于水准测量中竖立水准尺和标志转点。

● 使用微倾水准仪的基本操作程序为：安置仪器、粗略整平（简称粗平）、调焦和照准、精确整平（简称精平）和读数。粗平的目的是借助圆水准器气泡的居中，使仪器竖轴大致竖直；精平的目的是借助管水准器符合气泡的吻合，使望远镜视准轴精确水平。照准目标大致按目镜调焦、粗略瞄准、物镜调焦、精确照准步骤进行，应注意消除视差的影响。读数时应注意对管水准器的精确整平。

● 水准测量通常是从某一已知高程的水准点开始，引测其他点的高程。水准测量有三种形式：闭合水准测量、附合水准测量、往返测量。水准测量的测站检核方法有变动仪高法和双面尺法。

● 计算水准测量成果时，要先检查野外观测手簿，计算各点间高差，经检核无误，则根据野外观测高差计算高差闭合差。从理论上讲，闭合水准测量各段高差的代数和应等于零，附合水准测量各段实测高差的代数和值应等于两端水准点间的已知高差值；若闭合差符合规定的精度要求，则调整闭合差，最后计算各点的高程。根据误差理论，高差闭合差的调整原则是：将闭合差 f_h 以相反的符号，按与测段长度（或测站数）成正比的原则分配到各段高差中去。

● 微倾水准仪有四条轴线，即望远镜的视准轴 CC、水准管轴 LL、圆水准器轴 $L'L'$、仪器的竖轴 VV，以及十字丝横丝，轴线应满足的条件：圆水准器轴 $L'L' \parallel$ 仪器竖轴 VV、十字丝横丝 $\perp$ 仪器竖轴 VV、水准管轴 $LL \parallel$ 视准轴 CC。其中，$LL \parallel CC$ 是主要的条件。

● 在观测时使前、后视距离相等的方法可以消除或削弱水准仪水准管轴不平行于视准轴造成的误差、地球曲率和大气折射的影响。

思考题与习题

1. 设 A 点为后视点，B 点为前视点，A 点高程为 87.425 m。当后视读数为 1.124 m，前视读数为 1.428 m 时，问 A、B 两点的高差是多少？B 点比 A 点高还是低？B 点高程是多少？并绘图说明。

2. DS_3 微倾水准仪由________、________和________三部分组成。它有四条主要轴线，分别是________、________、________和________，其相互间应具备的几何关系是________和________。

3. 解释：水准点、后视读数、前视读数、视线高、视准轴、视差。

4. 产生视差的原因是什么？怎样消除视差？

5. 圆水准器和管水准器在水准测量中各起什么作用？

6. 水准测量时，前、后视距离相等可消除哪些误差？

7. 将图 2–27 中的水准测量观测数据填入表 2–4 中，计算出高差及 B 点的高程，并进行计算检核。

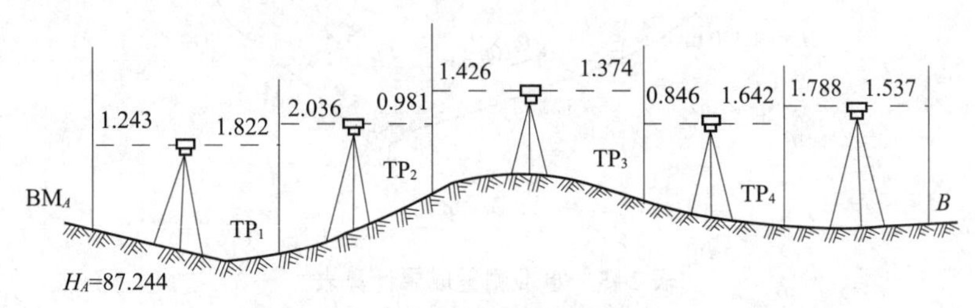

图 2–27　水准测量观测数据

表 2–4　水准测量手簿

测站	点号	后视读数/m	前视读数/m	高差/m		高程/m	备注
				+	–		
I	BM$_A$						已知点高程
	TP$_1$						
II							
	TP$_2$						
III							
	TP$_3$						
IV							
	TP$_4$						
V							
	B						
计算检核							

8. 图 2–28 为闭合水准测量的实测高差及测站数，将其填入表 2–5 中，并计算高差闭合差，判断精度是否合格及 1 点、2 点、3 点及 4 点高程。

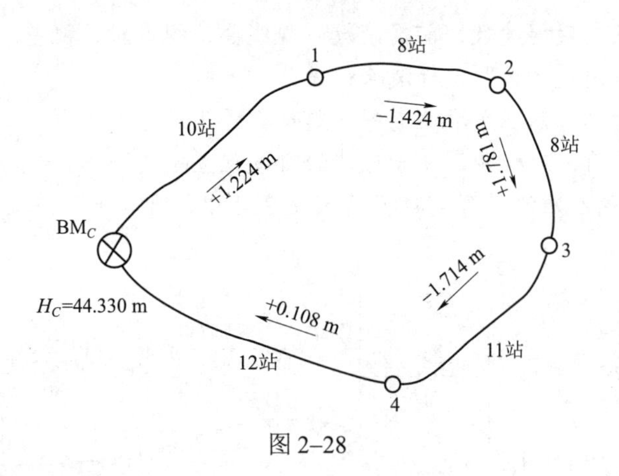

图 2–28

表 2–5　水准测量成果计算表

测段编号	测点	测站数 n	实测高差/m	高差改正数 /m	改正后高差 /m	高程/m	备注
	BM$_C$						已知高程
I							
	1						
II							
	2						
III							
	3						
IV							
	4						
V							
	BM$_C$						已知高程
成果检核							

9. 图 2–29 所示为往返测量。设已知水准点 A 的高程为 48.305 m，由 A 点往测至 1 点的高差为−2.456 m，由 1 点返测至 A 点的高差为 +2.478 m。A、1 两点间的水准路线长度约 1.6 km，试计算高差闭合差、高差容许闭合差及 1 点的高程。

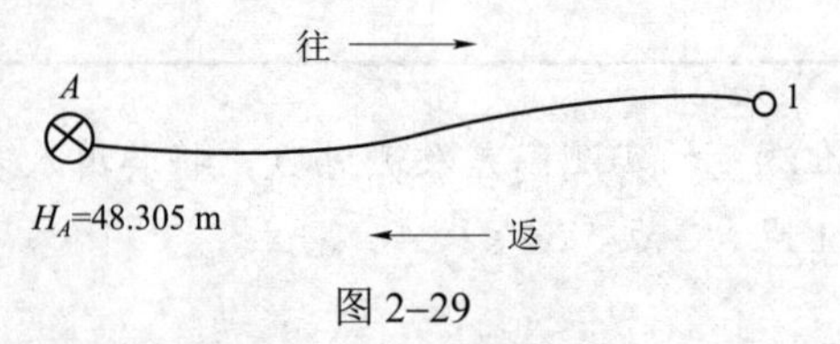

图 2–29

10. 设 A、B 两点相距 80 m，水准仪安置在中点 C，测得 A、B 两点的高差 h_{AB}=+0.224 m。仪器搬至 B 点附近，B 尺读数 b_2=1.446 m，A 尺读数 a_2=1.695 m。试问水准管轴是否平行于

视准轴？

11. 水准测量成果校核的方法有哪三种？为什么向现场引测高程点时强调使用附合测法？

12. 某高层建筑，二层楼面高程为 3.000 m，地面做法厚 50 mm，其模板面高程为________；该工程有两层地下室，地下一层地面高程为–3.000 m，现浇板厚 120 mm，其模板底高程为________。

13. 某建筑场地上有一水准点 A，其高程 H_A=38.416 m，欲测设高程为 39.000 m 的室内地坪 ± 0.000 标高，设水准仪在水准点 A 所立水准尺上的读数为 1.034 m，试绘图说明其测设方法。

第三章

角 度 测 量

角度测量是确定地面点位置的基本工作之一，分为水平角测量和竖直角测量。也可通过测量竖直角和水平距离间接地计算出地面点间的高差。

经纬仪是测量水平角、竖直角和延长直线的主要仪器，在建筑工程测量中，最为普遍使用的是 DJ_6 级光学经纬仪。本章着重介绍这类仪器的原理、使用、操作方法及注意事项等。

第一节　角度测量原理

一、水平角测量原理

水平角是一点到两目标的两方向线垂直投影在水平面上所成的夹角，用β表示。如图 3–1 所示，*A*、*O*、*B* 是地面上不同高程的三个任意点，*OA* 和 *OB* 两个方向线所夹的水平角就是分别通过 *OA*、*OB* 的两个竖直面在水平面上的投影线 *oa* 和 *ob* 的夹角，即$\beta=\angle aob$。

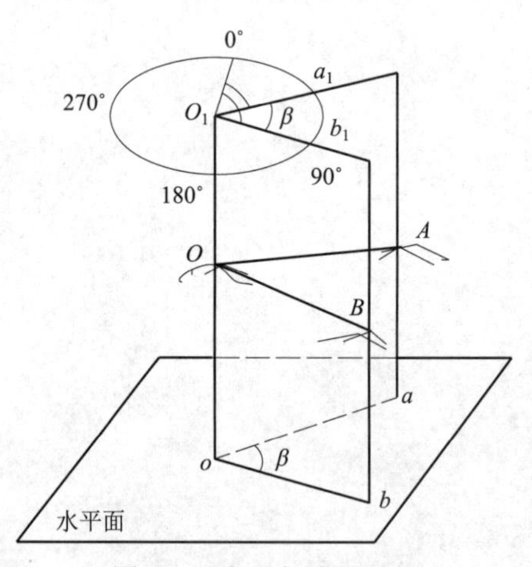

图 3–1　水平角测量原理

由此可见，水平角就是通过两方向线所做竖直面间的两面角，在这两面角的交线上任一点均可测量出水平角。现设想：在两竖直面的交线上任一点 O_1 水平地放置一个顺时针方向刻划的圆形度盘，过左侧方向线 *OA* 的竖直面与水平度盘的交线得一读数 a_1，过右侧方向线 *OB* 的竖直面与水平度盘的交线得另一读数 b_1，如图 3–1 所示可得水平角β:

$$\beta = b_1 - a_1 \tag{3-1}$$

这就是水平角测量原理。β为正，水平角为顺时针角，相反则为逆时针角。

二、竖直角测量原理

竖直角是指在同一个竖直面内，一点到目标的方向线与水平线之间的夹角，用α表示。如图 3–2（a）所示，目标 A 的方向线在水平线上方，为仰角，符号为“+”（图示为+6º 12′ 33″）；目标 B 的方向线在水平线下方，为俯角，符号为“–”（图示为–5° 19′ 21″）。竖直角的角值从 0°～90°。

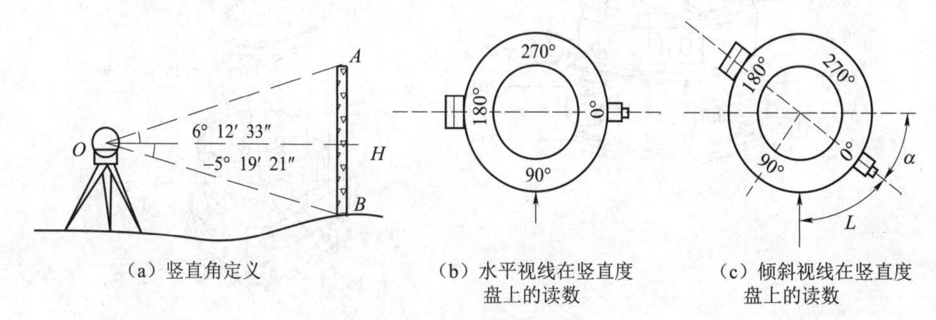

图 3–2　竖直角测量原理

如图 3–2（b）、（c）所示，有一竖直的圆形度盘，水平视线 OH 及点到目标的方向线 OA 分别沿侧垂面投影在竖直度盘上的读数为 90°（如图 3–2（b）所示）和 L（如图 3–2（c）所示），则竖直角α为：

$$\alpha = L - 90^\circ \tag{3-2}$$

这就是竖直角测量的原理。

综上所述，为完成水平角和竖直角测量，仪器必须具备水平度盘、竖直度盘和瞄准目标用的望远镜，同时要求望远镜不仅能在水平方向左右转动，而且能在竖直方向上下转动。测量水平角时，不仅要求水平度盘能放置水平，且度盘中心要位于水平角顶点的铅垂线上。经纬仪就是根据上述基本要求设计制造的。

第二节　普通经纬仪的认识与使用

一、光学经纬仪的构造

在建筑工程测量中，水平角观测常使用 DJ_2、DJ_6 两个等级系列的光学经纬仪或电子经纬仪，其在室外试验条件下的一测回水平方向标准偏差分别不超过±2″、±6″，习惯称为二秒经纬仪（DJ_2）、六秒经纬仪（DJ_6）。D、J 分别为大地测量和经纬仪汉语拼音的第一个字母。光学经纬仪的构造如图 3–3、图 3–4 所示。

各个等级系列的光学经纬仪基本构造大致相同，一般由照准部、度盘和基座三部分组成。

1. 照准部

照准部主要由望远镜、读数显微镜、水准管、竖轴和横轴、望远镜制动微动装置、度盘

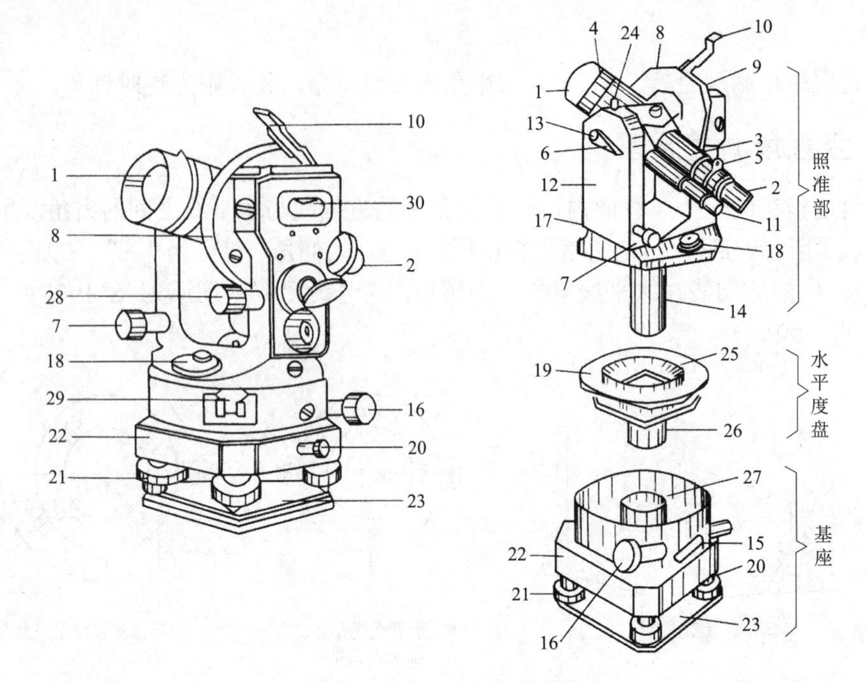

图 3-3　DJ_6 级光学经纬仪

1—望远镜物镜；2—望远镜目镜；3—望远镜调焦螺旋；4—准星；5—照门；6—望远镜固定扳手；7—望远镜微动螺旋；8—竖直度盘；9—竖盘指标水准管；10—竖盘指标水准管反光镜；11—读数显微镜目镜；12—支架；13—水平轴；14—竖轴；15—照准部制动扳手；16—照准部微动螺旋；17—水准管；18—圆水准器；19—水平度盘；20—轴套固定螺旋；21—脚螺旋；22—基座；23—三角底板；24—罗盘插座；25—度盘轴套；26—外轴；27—度盘旋转轴套；28—竖盘指标水准管微动螺旋；29—水平度盘变换手轮；30—反光镜

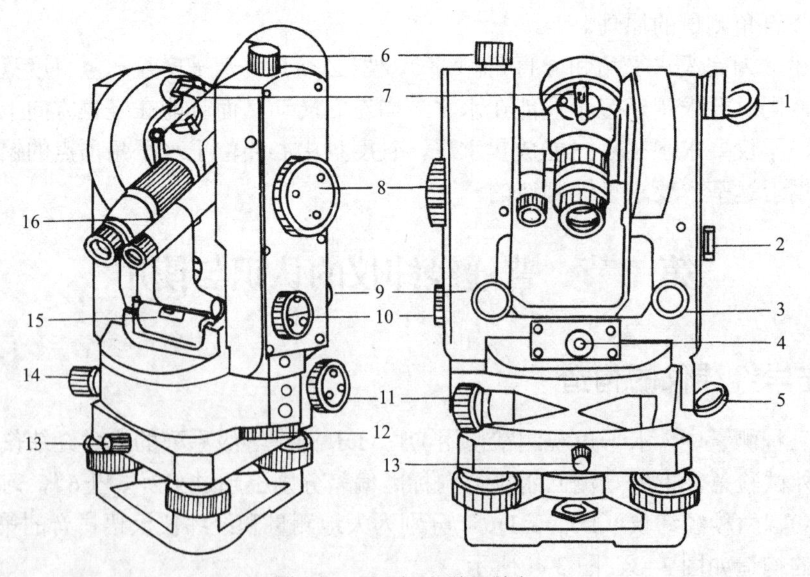

图 3-4　DJ_2 级光学经纬仪

1—竖直度盘反光镜；2—竖盘水准管观察镜；3—竖盘指标水准管微动螺旋；4—光学对中器；5—水平度盘反光镜；6—望远镜制动螺旋；7—光学瞄准器；8—测微轮；9—望远镜微动螺旋；10—换象手轮；11—照准部微动螺旋；12—水平度盘位置变换手轮；13—轴座固定螺旋；14—照准部制动螺旋；15—照准部水准管；16—读数显微镜

离合器（或变位器）、水平制动微动装置等部件组成。

经纬仪上的望远镜构造与水准仪上的基本相同，由物镜、目镜、对光透镜和十字丝分划板等组成。不同的是物镜对光螺旋的位置和望远镜十字丝的形状。物镜对光螺旋变为与望远镜同轴的调焦环，而十字丝一半为单丝，一半为双丝，用来照准不同标志形式的目标。

望远镜的旋转轴称为横轴。望远镜通过横轴安置在照准部两侧的支架上，当横轴水平时，望远镜绕水平轴旋转，将扫过一个竖直面。

望远镜和照准部在水平方向的转动由照准部制动螺旋和微动螺旋来控制。

望远镜制动螺旋、微动螺旋用来控制望远镜在竖直方向转动。

反光镜是一个平面镜。打开反光镜并调整位置，光线会经反光镜反射后通过一系列透镜和棱镜，分别把水平度盘和竖直度盘以及测微器的分划影像，反映在望远镜旁的读数显微镜内，便于读出目标方向线的水平度盘或竖直度盘读数。

照准部上装有水准管，其中的气泡是否居中用以指示竖轴是否竖直和水平度盘是否水平。

照准部的旋转轴，即竖轴，插在竖轴轴套内，使整个照准部绕竖轴平稳地旋转，并起置中作用。

2. 度盘

度盘分为水平度盘和竖直度盘。

水平度盘是一个光学玻璃圆环，刻有按顺时针方向从 0°～360° 的刻划。度盘轴套套在竖轴轴套的外面，绕竖轴轴套旋转。照准部上的竖直度盘是一个玻璃圆环，刻有 0°～360° 注记。它固定在望远镜旋转轴即横轴的一侧，且二者中心重合，当望远镜在竖直面内转动时竖盘也随之转动。

水平度盘的转动是用水平度盘位置变换手轮（如图 3–3、图 3–4 所示）来控制的。使用这种仪器，当照准部位置固定不变时，转动变换手轮，水平度盘一起随之转动，这时度盘读数会发生改变；当变换手轮不动，转动照准部时，水平度盘不随之转动，这时度盘读数也会发生改变。例如，要求瞄准 P 后的水平度盘读数为 0°00′00″，操作时，先转动照准部瞄准 P 点，然后打开手轮护罩，再转动度盘变换手轮，使度盘读数为 0°00′00″。最后再关上手轮护罩。有的经纬仪是用度盘离合器（或变位器）控制水平度盘转动的。

3. 基座

经纬仪的基座与水准仪相似，主要包括轴座、脚螺旋和连接板等。

三个脚螺旋用来整平仪器。转动角螺旋可使照准部水准管气泡居中，这项工作称为整平。

将三脚架头的连接螺旋旋进连接板，可使仪器与三脚架固连在一起。在连接螺旋下面的正中间有一个挂钩可以悬挂垂球，当垂球尖端对准地面上角度顶点的标志时，称为对中或对点。为了提高对中精度和对中时不受风力影响，光学经纬仪一般都装有光学对中器（如图 3–3、图 3–4 所示）。它是由目镜、分划板、物镜等组成的小型折式望远镜（如图 3–5 所示），一般装在仪器的基座上。使用时先将仪器整平，再移动基座使对中器的十字丝或小圆圈中心对准地面标志中心。

竖轴轴套插入在基座轴套内，通过轴座固定螺旋将照准部固定在基座上。因此，使用仪器时切勿松动该螺旋，以免照准部与基座分离，摔坏仪器。

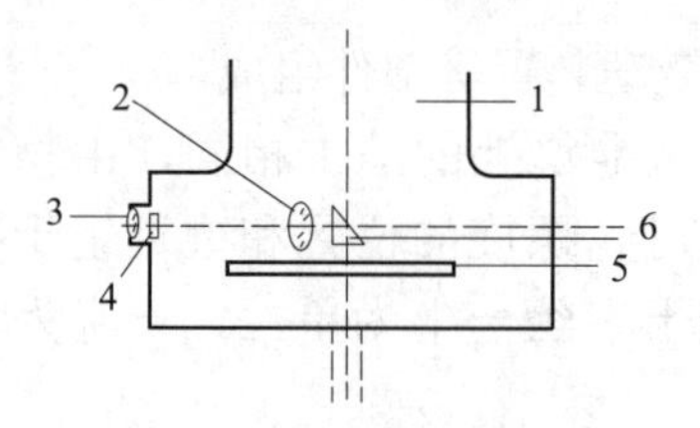

图 3–5　小型折式望远镜

1—支架；2—物镜；3—目镜；4—分划板；5—水平度盘；6—直角棱镜

二、光学经纬仪的读数方法

光学经纬仪的度盘影像经过一系列棱镜和透镜的折射聚光而呈现在读数显微镜中。度盘上相邻两分划间的弧长所对的圆心角称为度盘分划值，一般为 60′、30′ 或 20′，即每隔 60′、30′ 或 20′ 有一条分划。每度注记数字。

度盘上小于度盘分划值的读数利用测微器读出。测微器的全长等于度盘分划值。常见的测微器有分微尺测微器、单平板玻璃测微器和度盘对径重合读数三种。下面分别介绍三种读数方法。

1. 分微尺测微器的读数方法

装置有分微尺的经纬仪，在读数显微镜内能分别看到水平度盘（注有“Hz”）和竖直度盘（注有“V”）的两个读数窗。如图 3–6 所示，每个读数窗上的分微尺等分成 6 大格，每大格又分为 10 小格。由于度盘分划值为 1°，分微尺全长也等于 1°。因此，分微尺每一大格代表 10′，并从 0～6 标注数字，每小格代表 1′，可以估读到 0.1′，即 6″。

读数前，先调节读数显微镜目镜，使度盘分划线和分微尺的影像清晰，并消除视差。读数时，先读取与分微尺重合的度盘分划线读数，此读数即为整度盘读数，然后在分微尺上由零线到度盘分划线之间读取小于整度数的分、秒数，两数之和即得度盘读数。如图 3–6 所示，水平度盘读数为 164° 06.6′，竖直度盘读数为 86° 51.6′。

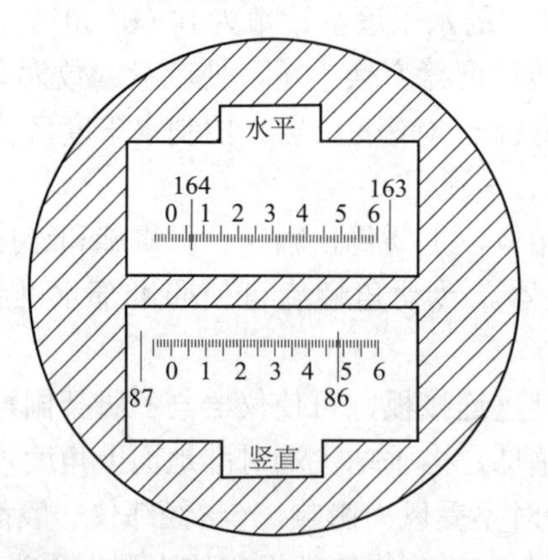

图 3–6　装有分微尺的经纬仪读数窗

2. 单平板玻璃测微器的读数方法

装置有单平板玻璃测微器的经纬仪，在读数显微镜中能同时看到图 3–7 所示的三个读数窗，上窗为测微尺分划影像，中间的单丝为读数指标线；中窗为竖盘分划影像，下窗为水平度盘分划影像，中、下窗中都夹有度盘分划线的双丝，为读数指标线。度盘分划值为 30′，测微尺上分成 30 大格，测微轮（见图 3–3、图 3–4）旋转一周，测微尺由 0 移到 30，度盘分划刚好移动 30′，所以测微尺上每大格 1′，每 5′ 注字，每大格又分成三小格，每小格 20″，可以估读到 2″。读数时，转动测微轮，使度盘某一分划精确夹在双指标线中间，先读取该分划线的读数，再在测微尺上根据单指标线读取小于 3′ 的分、秒数，两读数相加即得度盘读数。如图 3–7（a）、（b）所示。

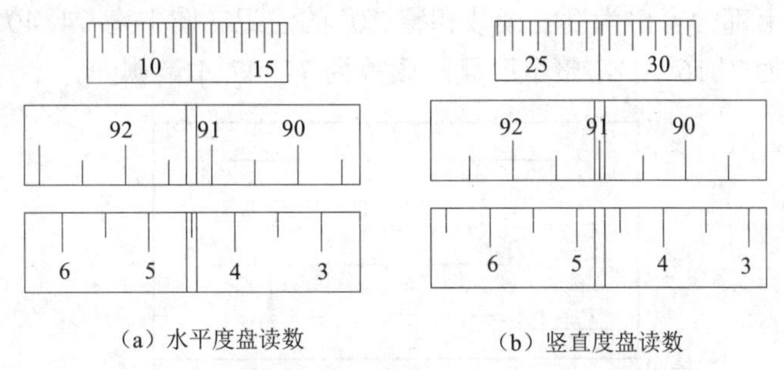

（a）水平度盘读数　　（b）竖直度盘读数

图 3–7　装有单平板玻璃测微器的经纬仪读数窗

水平度盘读数为 4°30′+11′50″=4°41′50″，

竖直度盘读数为 91°+27′25″=91°27′25″。

3. 对径重合的读数方法

DJ_2 经纬仪一般采用对径重合读数方法，如图 3–8 所示，大窗为度盘的影像，它实际上是将度盘 180° 对径两端分划线的影像同时反映在读数显微镜中，形成被一横线隔开的正字像、倒字像，每隔 1° 注记数字，度盘分划值为 20′。正字注记的为正像，倒字注记的为倒像，正、倒像相差 180°，度盘读数以正像为准。小窗为测微尺的影像，中间的横线为测微尺读数指标线，左边注记数字从 0 到 10 以分为单位，右边注记数字从 0 到 5 以 10″为单位，最小分划为 1″，估读到 0.1″。转动测微轮时，读数窗中的正、倒像做相对移动，使测微尺由 0′ 移动到 10′ 时，度盘正、倒像的分划线向相反方向各移动半格（即 10′）。

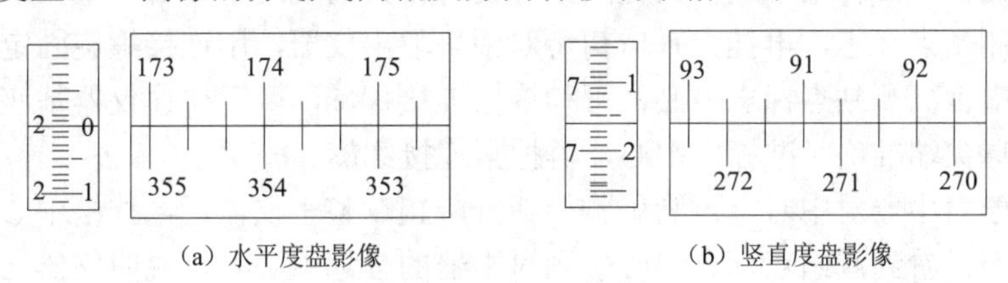

（a）水平度盘影像　　（b）竖直度盘影像

图 3–8　DJ_2 经纬仪读数窗

读数时，先转动测微轮，使正、倒像的度盘分划线精确重合，然后找出邻近的正、倒像相差 180° 的两条分划线，并注意正像在左侧，倒像在右侧，正像分划的数字就是度盘的度数；再数出正、倒像两分划线间的分格数，将其乘以度盘分划值的一半，即得度盘上相应的整 10′ 数；不足整 10′ 的分、秒数，从左边小窗的测微尺上读取。三者之和即为度盘的全部读数。如图 3–8（a）、（b）所示，水平度盘读数为 174°，整 10′ 数为 0，测微尺上的分、秒数为 02′00″.0，以上三者的和即为度盘的整个读数，为 174°02′00″.0。同理，竖直度盘读数为 91°+1×10′+7′16.0″=91°17′16″.0。

DJ_2 级光学经纬仪的读数显微镜中只能显示水平度盘或竖直度盘中的一种度盘影像，而要显示另一度盘影像，就需要转动换像手轮（见图 3–4）。转动换像手轮，当手轮面上刻划线处于水平位置时，读数显微镜内呈现水平度盘的影像；当刻划线处于竖直位置时，读数显微镜内呈现竖直度盘的影像。

此外，为了读数快速、准确、方便，新型的 DJ_2 光学经纬仪在操作步骤与读数原理不变的基础上，采用了数字化读数装置。如图 3–9 所示，下部的方框为度盘对径分划线重合后的影像，没有注记，上部的窗口为度盘读数和整 10′ 的注记（图中为 74°40′），左下方的小窗为测微尺影像（图为 7′16″.0），整个度盘的读数为 74°47′16″.0。

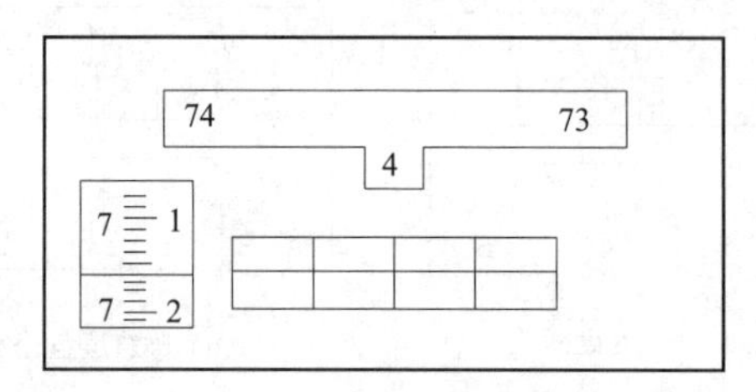

图 3–9　DJ_2 光学经纬仪的数字化读数影像

电子经纬仪，也称数字经纬仪，是在第二代光学经纬仪的基础上用编码度盘光电转换等技术获得水平度盘及竖直度盘的数字显示的经纬仪。具有按键操作、数字显示、速度快、精度高，设有通信接口，可与光电测距仪配套成半站仪使用等特点。

三、经纬仪的使用

（一）安置

仪器的安置包括对中、整平两个步骤。

1. 对中

对中的目的是使仪器中心与测站点标志的中心位于同一铅垂线上。可用垂球对中，步骤是：在测站点处张开三脚架，调节架腿固紧螺旋，使其高度适中并目估架头水平，同时架头中心大致对准测站点标志，再挂上垂球初步对中。取出仪器，用连接螺旋固定在三脚架上，此时若垂球尖端偏离测站点标志中心，可稍旋松连接螺旋，两手扶住仪器基座，在架头上平移仪器，使垂球尖端准确对准标志中心，再拧紧连接螺旋。

若使用光学对中器对中时，可利用脚架腿升降粗略整平仪器后，拧松中心连接螺旋，在架头上移动基座，看到测站点标志中心移到对中器的分划中心时，说明仪器已对中，再拧紧中心连接螺旋。

2. 整平

整平的目的是使仪器竖轴竖直，水平度盘处于水平位置。

操作方法如图 3–10（a）、（b）所示，旋转照准部，使水准管平行于任意一对脚螺旋的连线（见图 3–10（a），相对地转动这两个脚螺旋，使水准管气泡居中，注意气泡移动方向与左手大拇指旋转脚螺旋的方向一致；然后将照准部旋转 90°（见图 3–10（b）），转动第三个脚螺旋使水准管气泡居中。如此重复进行，直到在这两个位置上气泡都居中为止。

3. 利用光学对中器进行对中和整平

操作步骤如下：在用垂球对中的基础上，转动光学对中器的目镜调焦螺旋使分划板的圆

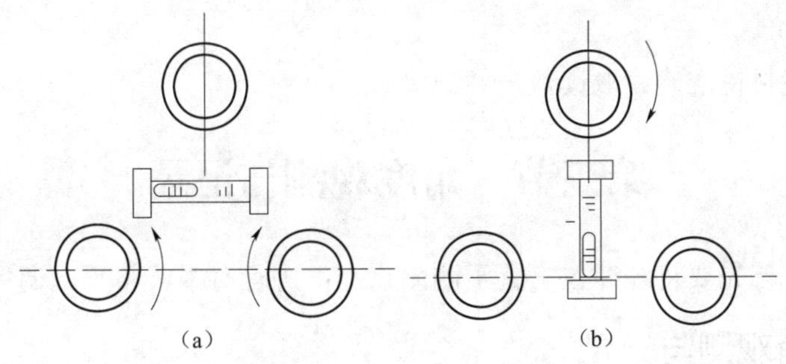

图 3-10　整平操作示意图

圈清晰，再适当推进或拉出目镜进行对光使地面标志清晰。如果地面标志偏离圆圈中心距离较小，可稍旋松连接螺旋，平移仪器直至圆圈中心与地面标志重合为止。相反，如果偏离较大，这时将三脚架的一条腿固定不动，两只手分别握住另外两条架腿，在移动这两条架腿的同时，从目镜中观察，使圆圈中心对准地面标志。此时，三脚架头不水平，应调节架腿长度，使圆水准器气泡居中，三脚架头大致水平。而后再用脚螺旋将管水准器气泡调至居中，仪器整平。由于转动脚螺旋，对中状态必然有所破坏，这时可稍松开连接螺旋，平行移动仪器，使仪器精确对中。此时应注意，只能平移，不能旋转（由于三脚架头不严格水平，旋转必然破坏仪器的整平状态）。实际工作中，即使平移仪器，仍或多或少地破坏水平状态。因此，上述两项操作必须反复进行，逐渐接近，直至对中和整平都满足要求为止。

由于光学对中器的对中精度高于垂球，且不受风力等气候的影响，因此高精度的经纬仪均装有光学对中器。

（二）瞄准目标及读数

经纬仪瞄准目标的方法同水准仪，但需要用十字丝的竖丝夹住观测目标。

（1）目镜对光

将望远镜朝向明亮背景，转动目镜对光螺旋，使十字丝清晰。

（2）粗略瞄准

松开照准部制动螺旋与望远镜制动螺旋，用望远镜上的准星和照门粗略照准目标，使在望远镜内能够看到物象，然后拧紧照准部及望远镜制动螺旋。

（3）物镜对光

转动物镜对光螺旋，使目标清晰，并消除视差。

（4）精确瞄准

转动照准部和望远镜微动螺旋，使十字丝纵丝准确对准目标（见图 3-11）。

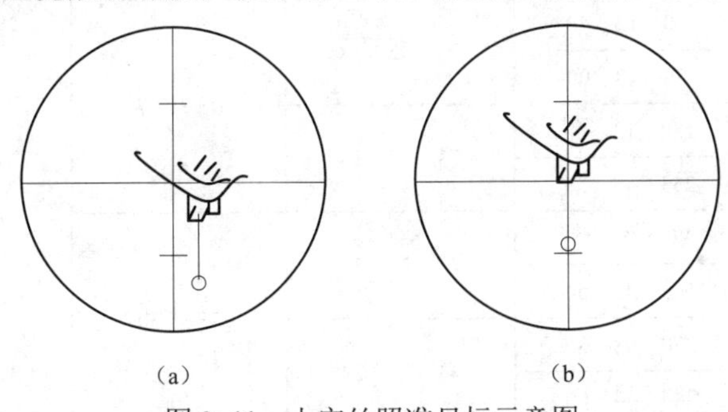

图 3-11　十字丝照准目标示意图

（5）读数

从读数显微镜目镜准确读取读数，并记录。

第三节　角度观测与记录

角度观测时，首先要将经纬仪安置于测站点上，进行对中、整平、调焦、照准、读数。

一、水平角观测与记录

常用的水平角观测方法有测回法、方向观测法。一般根据观测所使用的仪器等级、目标多少、测角的精度要求而定。在建筑工程施工测量中多采用测回法。

（一）测回法

测回法适于观测只有两个方向的单个角度。

如图 3–12 所示，要观测 OA、OB 方向间的水平角 $\angle AOB$ 的角值，先将经纬仪安置在角的顶点 O 上，对中、整平，调焦，并在 A、B 两点竖立标杆或挂垂球或插测钎，作为照准的目标。

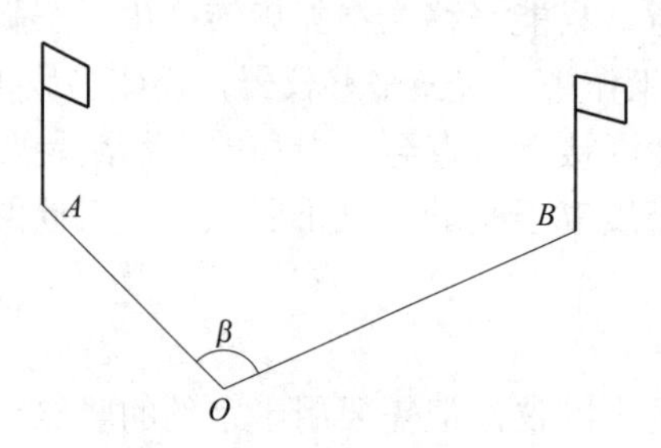

图 3–12　测回法测水平角

1. 盘左位置（竖盘位于望远镜左侧，又称正镜）

（1）顺时针方向转动照准部，先瞄准左侧目标 A，读取水平度盘读数 $a_{左}$，设为 0° 12′ 48″，记入表 3–1 中。

表 3–1　水平角观测记录（测回法）

仪器：______　日期：______　天气：______　观测：______　记录：______

测站	竖盘位置	目标	水平度盘读数 /°　′　″	半测回角值 /°　′　″	一测回角值 /°　′　″	各测回平均角值 /°　′　″	略图
O 第一测回	左	A	0　12　48	73　35　18	73 35 27	73 35 28	
		B	73　48　06				
	右	A	180　13　00	73　35　36			
		B	253　48　36				
O 第二测回	左	A	90　08　18	73　35　36	73 35 30		
		B	163　43　54				
	右	A	270　08　36	73　35　24			
		B	343　44　00				

（2）松开照准部制动螺旋，顺时针转动照准部，再瞄准右侧目标 B，读取水平度盘读数 $b_{左}$，设为 73° 48′ 06″，记入观测手簿。则盘左位置的水平角值 $\beta_{左}$：

$$\beta_{左}=b_{左}-a_{左}=73°\,48'\,06''-0°\,12'\,48''=73°\,35'\,18''$$

记入观测手簿“半测回角值”栏内，完成了上半测回的观测。

2. 盘右位置（竖盘位于望远镜右侧，又称倒镜）

（1）松开制动螺旋，倒转望远镜，先瞄准右侧目标 B，读取水平度盘读数 $b_{右}$，设为 253° 48′ 36″，记入表 3–1 中。

（2）逆时针方向转动照准部，再瞄准左侧目标 A，读取水平度盘读数 $a_{右}$，设为 180° 13′ 00″，记入观测手簿。则盘右位置的水平角值 $\beta_{右}$：

$$\beta_{右}=b_{右}-a_{右}=253°\,48'\,36''-180°\,13'\,00''=73°\,35'\,36''$$

记入观测手簿，完成了下半测回的观测。

上半测回（盘左）、下半测回（盘右）合为一测回。对于 DJ_6 经纬仪，规定当上、下两个半测回测得角值之差的绝对值：

$$|\Delta\beta|=|\beta_{左}-\beta_{右}|\leqslant 40''$$

上例中 $\Delta\beta=\beta_{右}-\beta_{左}=73°\,35'\,36''-73°\,35'\,18''=18''<40''$

取其平均值作为一测回角值，即

$$\beta=1/2（\beta_{左}+\beta_{右}）=1/2（73°\,35'\,18''+73°\,35'\,36''）$$
$$=73°\,35'\,27''$$

记入手簿“一测回角值”中。若 $\Delta\beta$ 大于 40″，应重新观测。

为了提高测角精度，可增加测回数，但测回数增加到一定次数后，精度的提高逐步缓慢而趋收敛，在实际工作中应根据规范的规定进行。

为了减少度盘分划误差的影响，各测回之间应根据测回数 n，按 180°/n 的差值变换度盘起始方向的读数。例如，当测回数 n=2 时，180°/2=90°，则第一测回与第二测回起始方向的读数应分别等于或略大于 0°、90°。

当观测两个或两个以上测回时，各测回所测得角值之差，对于 DJ_6 经纬仪应不大于 24″，取各测回角值的平均值作为最后结果，记入观测手簿“各测回平均值”栏内。

（二）方向观测法

当观测方向超过两个时，常采用方向观测法测量水平角。

在表 3–2 的简图中，O 为观测点，A、B、C、D 为四个目标点，现在要测出 OA、OB、OC、OD 的方向值，然后计算它们之间的水平角，观测步骤如下。

1. 盘左位置

在 O 点安置经纬仪，按顺时针方向转动照准部依次瞄准起始方向 A 和其他三个方向 B、C、D，分别读数并记入表 3–2 相应栏内，最后再瞄准起始方向 A，读数并记录。目标 A 两次读数之差称为半测回归零差，对于 DJ_6 经纬仪其值不应超过 18″（见表 3–3），如归零差超限，应重新观测。完成了上半测回的观测。

2. 盘右位置

倒转望远镜成盘右位置，按逆时针方向依次瞄准 A、D、C、B、A 各方向，分别读数并记入手簿表内。同样，归零差不应超限。完成了下半测回的观测。上、下半测回合为一测回。

3. 观测手簿的计算

（1）计算二倍视准轴误差（$2c$）值：同一方向，盘左和盘右读数之差，即

$$2c=盘左读数-（盘右读数\pm180^\circ）$$

例如，表 3–2 中，第一测回 OB 方向 $2c=51^\circ15'42''-（231^\circ15'30''-180^\circ）=12''$

将各方向所计算的 $2c$ 值记入表 3–2 中的相应栏内。同一测回各方向 $2c$ 互差的大小可以在一定程度上反映观测的精度。使用 DJ_6 级经纬仪时，规定一测回内 $2c$ 的变化范围不应超过 30″（见表 3–3）。

表 3–2　水平角观测记录（方向观测法）

仪器：______　日期：______　天气：______　观测：______　记录：______

测站点	测回数	目标点	水平度盘读数		2c/″	平均读数/°′″	归零方向数/°′″	各测回平均归零方向值/°′″	简图
			盘左/°′″	盘右/°′″					
O	1	A	0 02 06	180 02 00	+6	(0 02 06) 0 02 03	0 00 00	0 00 00	A, B, C, D, 51°13′28″, 80°38′34″, 50°08′20″
		B	51 15 42	231 15 30	+12	51 15 36	51 13 30	51 13 28	
		C	131 54 12	311 54 00	+12	131 54 06	131 52 00	131 52 02	
		D	182 02 24	2 02 24	0	182 02 24	182 00 18	182 00 22	
		A	0 02 12	180 02 06	+6	0 02 09			
	2	A	90 03 30	270 03 24	+6	(90 03 32) 90 03 27	0 00 00		
		B	141 17 00	321 16 54	+6	141 16 57	51 13 25		
		C	221 55 42	41 55 30	+12	221 55 36	131 52 04		
		D	272 04 00	92 03 54	+6	272 03 57	182 00 25		
		A	90 03 36	270 03 36	0	90 03 36			

（2）计算各方向的平均值：如果 $2c$ 互差在规定范围以内，取同一方向盘左、盘右读数的平均值作为该方向的方向值，即

$$各方向的方向值=［盘左读数+（盘右读数\pm180^\circ）］/2$$

例如，表 3–2 中，起始方向 OA 的方向值为

$$［0^\circ02'06''+（180^\circ02'00''-180^\circ）］/2=0^\circ02'03''$$

由于归零，OA 方向另有一个方向值 $0^\circ02'09''$，所以应再取两个方向值的平均值作为目标 A 的方向值 $1/2（0^\circ02'03''+0^\circ02'09''）=0^\circ02'06''$。记入“平均读数”栏上方的括号内。

（3）计算归零后的方向值：为便于各测回方向值取平均值计算，将起始目标方向值换算为 $0^\circ00'00''$，也就是从各测回各方向的平均值中减去起始目标方向值 A 的平均值，即得各方向的归零后方向值。记入表 3–2 中的相应栏内。

（4）计算各测回归零后方向值的平均值：各测回中同一方向归零后的方向值较差限差应按《建筑施工测量技术规程》中规定，具体见表 3–3，即 DJ_6 级经纬仪为 24″。当观测结果在规定的限差范围内时，取各测回同一方向归零后的方向值的平均值作为该方向的最后结果。

例如，表 3–2 中 OB 方向各测回归零后方向值的平均值为：

$$(1/2)(51°13'30''+51°13'25'')=51°13'28''$$

（5）计算水平角值

根据各测回归零后方向值的平均值，把相邻的两方向值相减，就能得到该两方向所夹的水平角，注于表 3–2 简图上的相应位置。

例如，$\angle BOC=131°52'02''-51°13'28''=80°38'34''$

当观测方向数不多于 3 个时，用方向观测法观测水平角可以不归零。

表 3–3　水平角观测限差

经纬仪型号	半测回归零差/″	一测回内 2c 互差/″	同一方向值各测回互差/″
DJ_2	8	13	9
DJ_6	18	—	24

二、竖直角观测与记录

（一）竖直度盘构造

光学经纬仪竖直度盘的装置包括竖直度盘、竖直度盘指标水准管和读数指标等，如图 3–13 所示。竖盘读数指标与竖盘指标水准管连接在一起，转动竖盘指标水准管微动螺旋，水准管气泡移动，同时指标在竖直面内作微小移动。当竖盘指标水准管气泡居中时指标处于正确位置，就可以根据指标读取度盘读数。竖直度盘的刻划从 0°～360°注记，其形式有顺时针、逆时针两种。图 3–14（a）所示为顺时针方向注记，图 3–14（b）所示为逆时针方向注记。竖盘指标水准管与竖盘指标应满足的条件是：当视准轴水平，竖盘指标水准管气泡居中时，盘左时的竖盘读数为 90°。如图 3–14（a）和（b）所示。

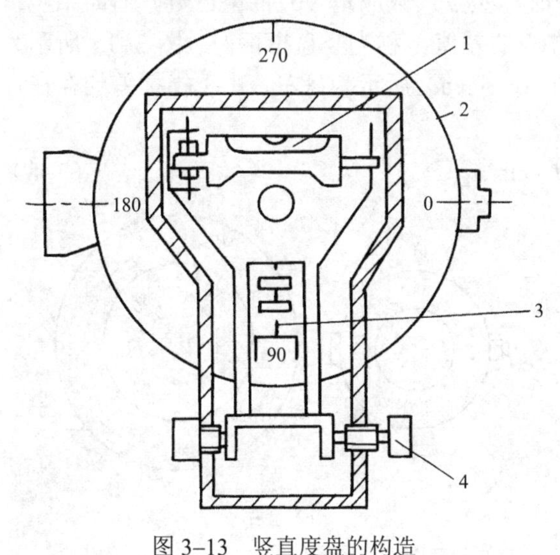

图 3–13　竖直度盘的构造

1—竖盘指标水准管；2—竖直度盘；3—读数指标；

4—竖盘指标水准管微动螺旋

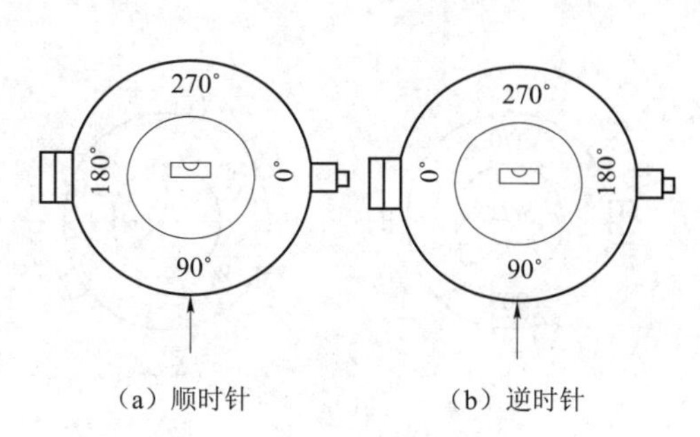

图 3–14　竖直度盘注记形式

（二）竖直角计算公式

根据前述竖直角测量原理，测定竖直角也就是测出目标方向线与水平线分别在竖直度盘上的读数，计算两读数之差即为竖直角。尽管竖直度盘的注记形式不同，但是，当视准轴水平、竖盘指标水准管气泡居中时，无论竖盘位置是盘左还是盘右，竖盘读数都是个定值，即正常状态应该是 90° 的整倍数，所以，实际上测定竖直角只需测出目标方向线的读数。究竟视线水平时竖盘读数是多少，对于每台仪器确是一个常数。在计算竖直角时，哪一个读数是减数，哪一个读数是被减数，要在测量竖直角之前确定：将望远镜放在大致水平的位置，观察一个读数，然后逐渐抬起望远镜，观察读数是增加还是减少（仰角为正，应是大数减去小数）。如果增加，则竖直角的计算公式为：

$$\alpha = \text{瞄准目标读数} - \text{视线水平读数}$$

如果减少，则

$$\alpha = \text{视线水平读数} - \text{瞄准目标读数}$$

图 3–2（b）所示为盘左位置，视线水平时的度盘读数为 90°，仰起望远镜时读数减少，则有竖直角

$$\alpha_L = 90° - L \qquad (3\text{–}3)$$

同理，盘右位置的竖直角为

$$\alpha_R = R - 270° \qquad (3\text{–}4)$$

则平均竖直角为：

$$\alpha = (1/2)(\alpha_{左} + \alpha_{右}) = (1/2)(R - L - 180°) \qquad (3\text{–}5)$$

对于逆时针分划注记的竖盘，用同样的方法也可确定竖直角的计算公式为：

$$\alpha_L = L - 90° \qquad (3\text{–}6)$$

$$\alpha_R = 270° - R \qquad (3\text{–}7)$$

当视准轴水平、竖盘指标水准管气泡居中时，竖盘读数应是 90° 的整倍数。但如果竖盘指标不是指在 90° 的整倍数上，而与 90° 或 270° 的差值 x 称为竖盘指标差。图 3–15 所示为盘左、盘右观测同一目标的竖盘指标位置。图 3–15（a）所示为盘左，由于指标差的存在，这时正确的竖直角为：

$$\alpha = 90° - (L - x) = \alpha_L + x \qquad (3\text{–}8)$$

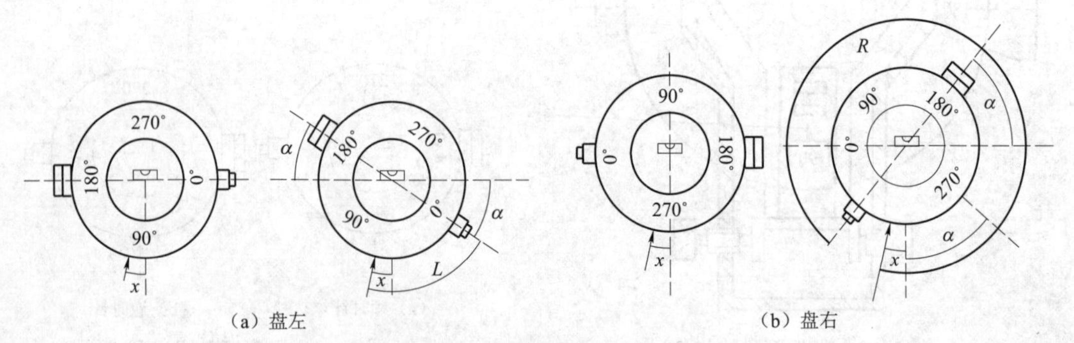

（a）盘左　　（b）盘右

图 3–15　竖盘指标差示意图

同样，盘右位置的正确竖直角为：

$$\alpha=(R-x)-270°=\alpha_R-x \quad (3\text{–}9)$$

将上面两式相加或相减后再除以 2，分别得

$$\alpha=(R-L-180°)/2=(\alpha_L+\alpha_R)/2 \quad (3\text{–}10)$$

$$x=[(L+R)-360°]/2=(\alpha_R-\alpha_L)/2 \quad (3\text{–}11)$$

其中，式（3–10）说明盘左、盘右观测竖直角取平均值可以消除竖盘指标差的影响。式（3–11）为竖盘指标差的计算式。

（三）竖直角观测与记录

竖直角观测是用十字丝横丝切于目标顶端，调节竖盘指标水准管气泡居中后，读取竖盘读数，按公式计算出竖直角。具体步骤如下。

（1）如图 3–2（a）所示，安置经纬仪于测站点 O 上。对中，整平，调焦，然后确定该仪器竖直角计算公式为：

$$\alpha_L=90°-L$$

$$\alpha_R=R-270°$$

（2）盘左位置瞄准目标 A，用十字丝横丝切准目标的顶端。

（3）转动竖盘指标水准管微动螺旋，使竖盘指标水准管气泡居中，读取盘左时目标 A 的竖盘读数为：

$$L=83°48'18''$$

记入表 3–4 中的相应位置。完成了上半测回的观测。

（4）盘右位置再瞄准目标 A 的同一位置，同样，竖盘指标水准管气泡居中时的竖盘读数为：

$$R=276°13'24''$$

记入表 3–4 中。完成了下半测回的观测。

上、下半测回合为一测回。

（5）计算竖直角。根据竖直角计算公式，得：

$$\alpha_L=90°-83°48'18''=6°11'42''$$

$$\alpha_R=276°13'24''-270°=6°13'24''$$

则平均竖直角为：

$$\alpha=(\alpha_{左}+\alpha_{右})/2=(6°11'42''+6°13'24'')/2=6°12'33''$$

表 3–4　竖直角观测记录

仪器：______　日期：______　天气：______　观测：______　记录：______

测站	目标	竖盘位置	竖盘读数/ ° ′ ″	指标差/ ″	竖直角/ ° ′ ″	平均竖直角/ ° ′ ″	备　注
O	A	左	83 48 18	+51	+6 11 42	+6 12 33	
		右	276 13 24		+6 13 24		
	B	左	95 20 06	+45	−5 20 06	−5 19 21	
		右	264 41 24		−5 18 36		

若观测低处目标 B，则观测方法和计算公式与观测高处目标点 A 完全一样，只是竖直角

的正、负号与实际的仰、俯角一致，即目标 B 的竖直角值为负。

在上述竖直角观测中，每次读数前都必须转动竖盘指标水准管微动螺旋，使水准管气泡居中，这样指标才居于正确位置，才能读得正确读数，不仅工作效率较低而且容易出错。近年来，有些经过改进的经纬仪，竖盘指标采用自动补偿装置代替水准管，即使仪器稍有倾斜，竖盘指标也自动居于正确位置，可以随时读数，提高了观测的精度和速度。这种自动补偿装置的原理与自动安平水准仪补偿器基本相同。

三、电子经纬仪测量水平角（测回法）

用电子经纬仪测量图 3–12 中 $\angle AOB$ 的操作步骤如下。

（1）在 O 点安置电子经纬仪，打开电源，先选定左旋和 DEG 单位制，然后以盘左位后视 A 点，按置 0 键，则水平度盘显示 0°00′00″。

（2）打开制动螺旋，转动望远镜，照准前视 B 点后水平度盘上则显示 56°43′39″，完成前半测回。

（3）以盘右位置用锁定键以 180°00′00″后视 A 点，打开制动螺旋、转动望远镜，照准前视 B 点后，水平度盘显示 236°43′39″–180°00′00″=56°43′39″，完成后半测回。记录方法同表 3–1。

四、测设水平角

水平角测设是根据已知的水平角值和一个已知方向，把该角的另一个方向放样在地面上。可根据工程的精度要求采用一般测法和精密测法两种。

1. 一般测法

如图 3–16 所示，已知地面上 OA 方向，顺时针测设 $\angle AOB$=56°44′39″，定出 OB 方向。具体测设步骤如下。

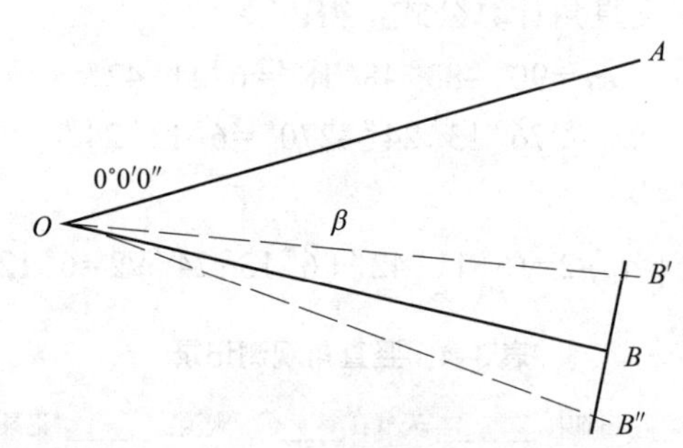

图 3–16　一般测法测设水平角

（1）在 O 点安置经纬仪，盘左位置用制动微动螺旋瞄准 A 点，转动测微轮对准 0′00″，用换盘手轮使水平度盘处在略大于 0° 处，读后视读数 0°02′42″。

（2）转动测微轮，单线指标对准 6′21″，此时度盘正对在 2′42″–6′21″=–4′39″；打开制动螺旋，旋转照准部，使水平度盘对准 56°40′，此时望远镜由–4′39″转到 56°40′，共转了 56°44′39″，在视线上定出 B' 点，为上半测回。

（3）盘右位置同法定出 B'' 点，为下半测回。

当 $B'B''$ 在允许误差范围内时取其中点定为 B 点，则 $\angle AOB$ 为测设的水平角。

2. 精确测法

当水平角测设精度要求较高时，采用垂线支距法进行改正。具体测设步骤如下。

（1）如图 3–17 所示，以 OA 为后视边，欲测设$\angle AOB=56°44'39.6''$时，先按一般测法定出 B_1 点。

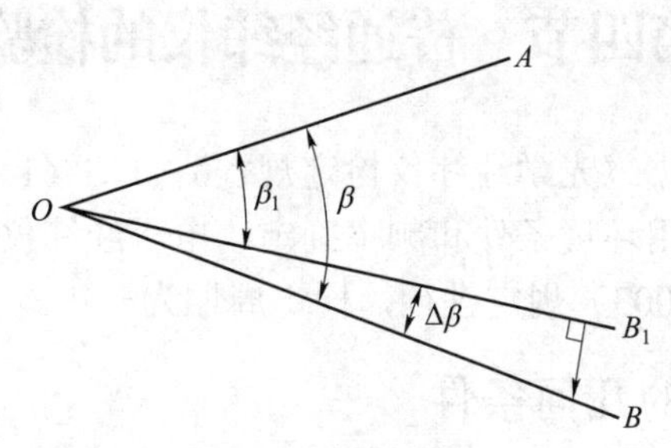

图 3–17 精密测法测设水平角

（2）反复观测水平角$\angle AOB_1$若干测回，准确求其平均值，如$\angle AOB_1=56°44'37''$，则水平角的差值$\Delta\beta=\angle B_1OB=2.6''$。

（3）计算改正距离：

$$BB_1 = OB_1 \frac{\Delta\beta}{\rho} \tag{3-12}$$

式中，OB_1——测站点 O 至放样点 B_1 的距离；

ρ ——206 265″。

（4）从 B_1 点沿与 OB_1 垂直方向量出 BB_1，定出 B 点，则$\angle AOB$ 就是测设的水平角。

注意：如$\Delta\beta$为正，则沿与 OB_1 的垂直方向向外量；反之则向内量。

当前，随着科学技术的日新月异，全站仪的智能化水平越来越高，能同时放样已知水平角和水平距离。若用全站仪放样，可自动显示需要修正的距离和移动的方向。

【例 3–1】已知地面上 A、O 两点，要测设直角$\angle AOB$。

解 在 O 点安置经纬仪，利用盘左盘右取中方法测设直角，得中点 B_1，量得 OB_1=50 m，用三个测回测角$\angle AOB_1=89°59'30''$。

$$\Delta\beta=90°00'00''-89°59'30''=30''$$

$$BB_1=OB_1\frac{\Delta\beta}{\rho}=50\times\frac{30''}{206\,265''}=0.007\ \text{m}$$

过 B_1 点作 OB_1 的垂线 B_1B，向外侧量（$\Delta\beta>0$）BB_1=0.007 m 定 B 点，则$\angle AOB$ 即为直角。

五、角度观测注意事项

（1）仪器安置要稳固，三脚架尖要插入土中或地面缝隙，仪器安好后手不得扶摸三脚架，人不得离开仪器近旁，强光下要打伞。

（2）对中要准确，边长越短越要精确，一般不应大于 1 mm。

（3）盘左盘右瞄准目标时，要用十字丝双线夹准目标同一部位或单线平分目标，并注意消除视差。

（4）读数时要认清度盘与测微器上的注字情况，正确读数；记录要及时，防止遗漏或次序颠倒。

（5）观测采取盘左、盘右取平均值，既能发现观测中的错误、提高观测精度，又能抵消视准轴不垂直于横轴、横轴不垂直于竖轴的误差及度盘偏心差的影响。

第四节　普通经纬仪的检验

光学经纬仪的检定是根据《光学经纬仪检定规程》（JJG 414—2003）规定进行的，检定周期一般为一年，需根据使用环境条件和频率确定。电子经纬仪的检定根据《全站型电子速测仪检定规程》（JJG 100—2003）规定进行，检定周期为一年。

一、经纬仪应满足的几何条件

根据测角原理，经纬仪要能准确地测量出水平角，各个轴线之间必须满足下列几何条件（如图 3–18 所示）。

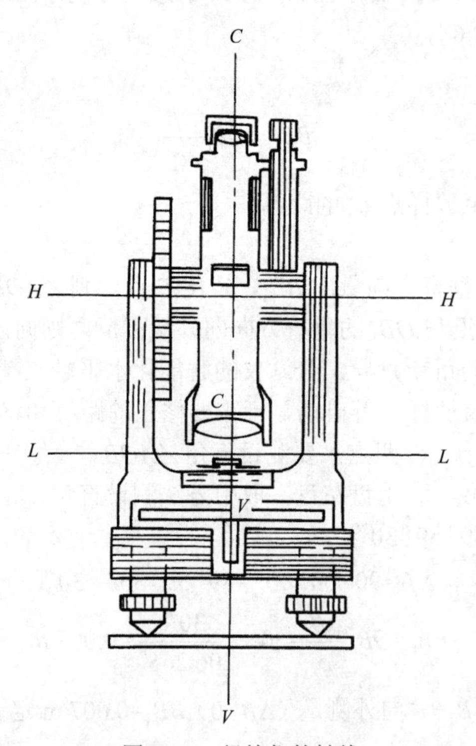

图 3–18　经纬仪的轴线

（1）照准部水准管轴垂直于竖轴（$LL \perp VV$），当照准部水准管气泡居中时，竖轴处于铅垂位置，保证水平度盘处于水平位置。

（2）望远镜视准轴垂直于横轴（$CC \perp HH$），当望远镜绕横轴纵向旋转，视准轴的轨迹为一铅垂面，否则为圆锥面。

（3）横轴垂直于竖轴（$HH \perp VV$），当水准管轴垂直于竖轴与视准轴垂直于横轴时，望远镜纵向旋转，视准轴的轨迹为一铅垂面，否则为斜平面。

为了便于瞄准目标，要求经纬仪整平后，十字丝的纵丝应竖直、横丝应水平。即经纬仪还应满足十字丝竖丝垂直于横轴。此外，经纬仪的竖盘指标差也应满足规范的规定。

一般情况下，刚出厂的仪器这些条件都能满足。但是，仪器经过长时间的使用或搬运过程中受到碰撞、震动以及气温变化等的影响，均能导致轴线位置的变化。所以，经纬仪在使用前或使用一段时间后，应进行检验与校正。其中横轴垂直于竖轴的条件一般都能满足，况且在测量过程中，盘左盘右观测取平均值可消除其误差，所以横轴垂直于竖轴的检验与校正这里不再单列。

二、照准部水准管轴垂直于竖轴的检验

先将仪器大致整平，转动照准部，使水准管平行于任意一对角螺旋的连线，相对转动这两只角螺旋使水准管气泡居中（如图 3–19（a）所示），然后将照准部转动 180°，如果水准管气泡仍居中，说明水准管轴垂直于竖轴；如果不居中（如图 3–19（b）所示），则说明水准管轴与竖轴不垂直，需要校正。

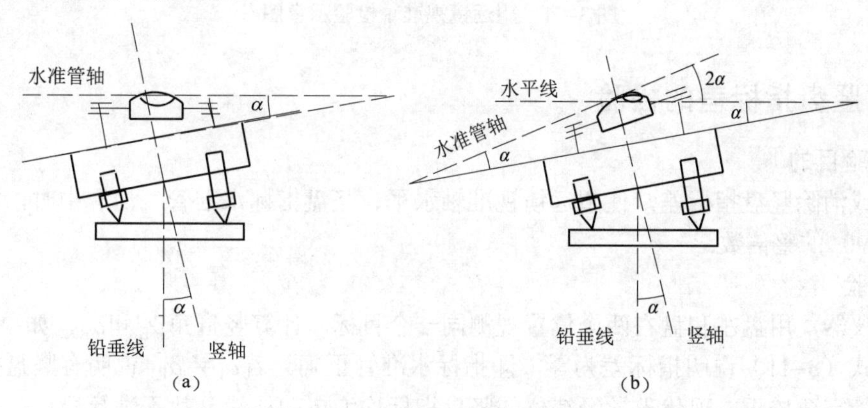

图 3–19　水准管轴检验示意图

三、十字丝竖丝垂直于横轴的检验

整平仪器，用十字丝交点瞄准约与仪器同高的明显目标点 A，固定照准部与望远镜制动螺旋，旋转望远镜微动螺旋，如果 A 点始终在竖丝上移动，说明条件满足（如图 3–20（a）所示），如果偏离竖丝（如图 3–20（b）所示），则需要校正。

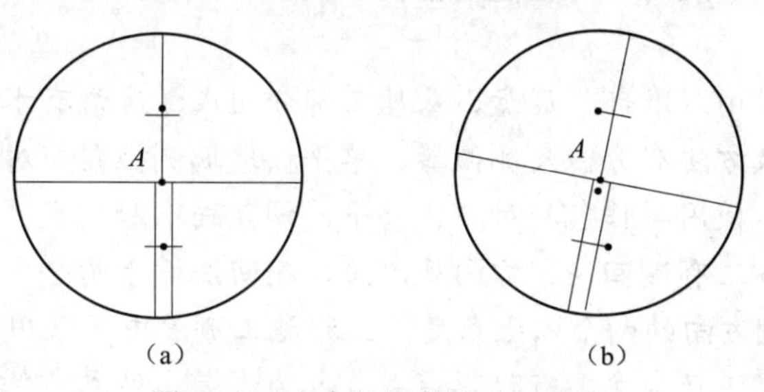

图 3–20　十字丝纵丝检验示意图

四、望远镜视准轴垂直于横轴的检验

如图 3–21 所示，在一平坦的场地上，选择相距约 100 m 的 A、B 两点。将经纬仪安置在

A、B 的中点 O 处，在 A 点竖立一标志，在 B 点横放一根有毫米分划的直尺，使其垂直于 OB，并尽量与仪器同高。盘左位置，使望远镜大致放平，瞄准 A 点，固定照准部，然后倒转望远镜成盘右位置，在 B 点尺上读数，得 B_1 点；再以盘右位置瞄准 A 点，固定照准部，倒转望远镜盘左位置，在 B 点尺上读数，得 B_2 点。如果 B_1 与 B_2 重合，说明望远镜视准轴垂直于横轴；否则，需要校正。

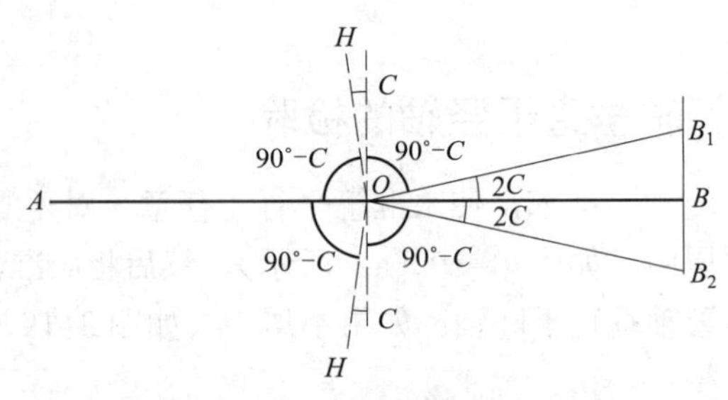

图 3–21　望远镜视准轴检验示意图

五、竖盘指标差的检验

1. 检验目的

减小或消除竖盘指标差，使望远镜视准轴水平、竖盘指标水准管气泡居中时，指标所指的读数为 90° 的整倍数。

2. 检验

安置仪器，用盘左和盘右两个位置观测同一个目标，计算竖直角 α_L 和 α_R，如果 $\alpha_L=\alpha_R$，那么根据式（3–11）说明指标差为零，即指标水准管正确。若 $\alpha_L\neq\alpha_R$，说明有竖盘指标差，指标水准管需要校正。现代光学经纬仪的竖盘指标均为自动补偿，故不进行校正。

横轴垂直于竖轴的检校较复杂，应由专业人员进行。出厂前均由厂方在组装中给以保证。

教学小结

- 水平角测量是确定点的平面位置要素之一；经纬仪不仅可以测量水平角、竖直角，还可延长直线。
- 光学经纬仪一般由照准部、度盘、基座三部分组成；度盘有水平度盘和竖直度盘。
- 光学经纬仪读数方法有分微尺测微器、单平板玻璃测微器、对径重合。
- 光学经纬仪基本使用操作包括对中、整平、调焦瞄准和读数。
- 水平角测量的方法有测回法、方向观测法，测回法适于两个方向的单个角度；方向观测法适于三个以上观测方向的两个以上角度；工程施工测量中多采用测回法。
- 水平角测量的误差产生主要有仪器误差、人为误差、外界条件等因素；在测角、延长直线、竖向投测、测设角度等观测中均应盘左、盘右观测取平均值，可以消除视准轴不垂直于横轴、横轴不垂直于竖轴、度盘偏心差的影响。
- 经纬仪的检验就是要保证轴线间的几何条件得到满足。经纬仪各轴线应满足的几何条件有照准部水准管轴垂直于竖轴，望远镜视准轴垂直于横轴，横轴垂直于竖轴。

思考题与习题

1. 解释：水平角、竖直角、正镜、倒镜。
2. 经纬仪主要由哪几部分组成，并说明各部件的用途。
3. 叙述装置有变换手轮的经纬仪整置起始方向读数为零或多一些的操作步骤。
4. 试述光学经纬仪对中、整平的目的及操作方法。
5. 完成测回法观测水平角测量记录（表 3–5）。

表 3–5　水平角观测记录（测回法）

测站	竖盘位置	目标	水平度盘读数	半测回角值	一测回角值	各测回平均角值	备注
O 第一测回	左	*A*	0°02′30″				
		B	95°20′48″				
	右	*A*	180°02′42″				
		B	275°21′12″				
O 第二测回	左	*A*	90°03′06″				
		B	185°21′38″				
	右	*A*	270°02′54″				
		B	5°20′54″				

6. 观测水平角时，为什么有时要测几个测回，各测回起始方向读数应如何改变？
7. 试述垂直角观测的步骤，并完成表 3–6 的计算（注：盘左视线水平时指标读数为 90°，仰起望远镜读数减小）

表 3–6　竖直角观测记录

测站	目标	竖盘位置	竖盘读数/°′″	半测回竖角/°′″	指标差/″	一测回竖角/°′″	备注
O	*A*	左	78　18　24				
		右	281　42　00				
	B	左	91　32　42				
		右	268　27　30				

8. 水平角和竖直角的观测与计算有何不同？
9. 叙述用经纬仪延长直线的操作步骤。
10. 为提高测角精度，观测时应注意哪些问题？
11. 经纬仪各轴线间应满足什么条件？

12. 角度观测中盘左盘右取平均值，可以消除哪些误差影响？

13. 欲在地面测设一个直角∠AOB，先按一般测法测设出该直角，经检测其角值为 $90°01'34''$，若 OB=150 m，为了获得正确的直角，试计算 B 点的调整量并绘图说明其调整方向。

第四章

距离测量

测量学中的距离通常指水平距离，水平距离测量是测量的基本工作之一。水平距离是地面上两点垂直投影到水平面上的直线距离。在进行距离测量时，要放平丈量工具，或者将斜距换算成水平距离。

距离测量通常有钢尺量距、视距测量和光电测距三种方法。另外，本章还将介绍全站仪的有关内容。

第一节　钢 尺 量 距

一、钢尺的性质和检定

1. 钢尺性质

量距用钢尺是由薄钢片制成，也称为钢卷尺；标称长度对于 10 m 以下的钢卷尺取 0.5 的整数倍，对于 10 m 以上的钢卷尺取 5 的整数倍。根据零点位置不同，钢卷尺有端点尺和刻线尺两种，如图 4–1 所示。

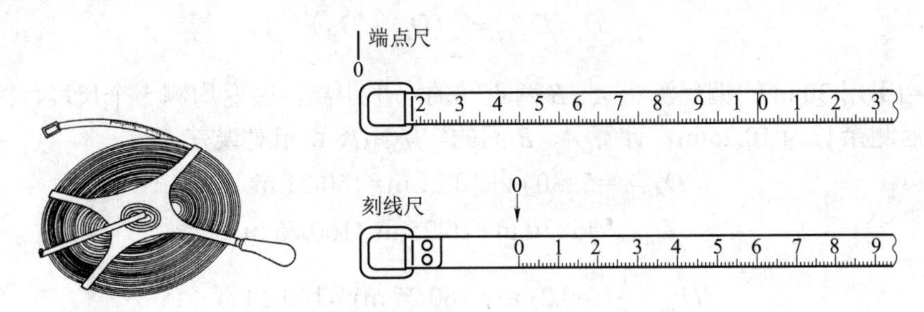

图 4–1　钢卷尺

钢尺尺长受温度影响而热胀冷缩，如北京地区十一前后白天平均温度在 20℃左右，而七八月份的白天最高温度达到 37℃左右，1 月上旬白天最低温度在−10℃左右，这样对于 50 m 长的钢尺而言，尺长将有−18～10 mm 的变化。由此看出钢尺尺长是使用时温度变化的函数。我国规定钢尺尺长的检定标准温度为 20℃。

在钢尺的弹性范围内钢尺尺长也是使用时所用拉力大小的函数。我国规定钢尺尺长的检定标准拉力为 49 N。

2. 钢尺检定

钢尺检定根据《钢卷尺检定规程》（JJG 4—1999）规定进行，检定周期一般为半年，最长不得超过一年。

规程规定，钢卷尺在标准温度和标准拉力条件下，与标准尺比较，得到被检尺的实际长度 $l_{实}$，而其尺身上的刻划注记值称为名义长度 $l_{名}$，所以尺长误差 Δ 为：

$$\text{尺长误差}\Delta=\text{名义长度}\ l_{名}-\text{实际长度}\ l_{实} \tag{4-1}$$

尺长允许误差（平量法）：

$$\begin{aligned}&\text{Ⅰ级尺}\Delta=\pm(0.1+0.1L)\ \text{mm}\\&\text{Ⅱ级尺}\Delta=\pm(0.3+0.2L)\ \text{mm}\end{aligned} \tag{4-2}$$

式中，L 为整尺长度，单位为 m。

很显然，Ⅰ级尺较Ⅱ级尺精度高，适用于平面控制测量和高精度安装工程测量。

二、钢尺量距

距离丈量可用一根钢尺往返丈量一次，或两根钢尺同方向各丈量一次；精密丈量时应使用拉力计、温度计，注意拉力与检定时一致。

（一）往返量距

在测量 AB 两点间距离时，先从起点 A 量至终点 B，得到往测值 $D_{往}$，然后再由终点 B 量至起点 A，得到返测值 $D_{返}$。二者比较衡量精度，在允许值范围内取其平均值作为最后结果。

钢尺量距的精度常用相对误差 K 来描述，即

$$K=\frac{|D_{往}-D_{返}|}{D_{平均}}=1\Big/\frac{D_{平均}}{|D_{往}-D_{返}|} \tag{4-3}$$

在平坦地区，钢尺量距的相对误差不应大于 1/3 000；量距困难地区相对误差不应大于 1/1 000。如果满足这个要求，则取往测和返测的平均值作为该两点间的水平距离。

$$D=D_{平均}=\frac{1}{2}(D_{往}+D_{返}) \tag{4-4}$$

【例 4–1】用 30 m 的钢尺测量 A、B 两点间的水平距离，往返均测 5 个尺段，往测余长为 10.21 m，返测余长为 10.25 m，计算 A、B 间的实际距离和相对误差 K。

解

$$D_{AB往}=5\times30\ \text{m}+10.21\ \text{m}=160.21\ \text{m}$$

$$D_{AB返}=5\times30\ \text{m}+10.25\ \text{m}=160.25\ \text{m}$$

$$D_{AB}=\frac{1}{2}(160.21\ \text{m}+160.25\ \text{m})=160.23\ \text{m}$$

$$K=\frac{|160.21\ \text{m}-160.25\ \text{m}|}{160.23\ \text{m}}=\frac{0.04\ \text{m}}{160.23\ \text{m}}\approx\frac{1}{4\ 006}$$

如果地面上两点 A、B 间的坡度较均匀，可先用钢尺量出 A、B 间的倾斜距离 L，再测量出竖直角 α 或高差 h_{AB}，则 A、B 两点间的水平距离可由下式求出。

$$D=L\cos\alpha \tag{4-5}$$

或

$$D=\sqrt{L^2-h^2} \tag{4-6}$$

钢尺量距的精度一般只能达到 1/1 000～1/5 000。建立平面控制网和某些安装工程要求量距精度在 1/10 000 以上，必须用精密方法量距，即在丈量结果中加尺长、温度、倾斜等项改正数。

（二）精密量距

为精密测量地面两点间的水平距离，应对测量结果进行以下改正计算。

（1）尺长改正数　$$\Delta l_d=\frac{\Delta l}{l_0}l \tag{4-7}$$

（2）温度改正数　$$\Delta l_t=\alpha(t-20)l \tag{4-8}$$

（3）倾斜改正数　$$\Delta l_h=-\frac{h^2}{2l} \tag{4-9}$$

（4）改正后水平距离　$$d=l+\Delta l_d+\Delta l_t+\Delta l_h \tag{4-10}$$

式中，Δl_d——尺段的尺长改正数，单位为 m；

Δl_t——尺段的温度改正数，单位为 m；

Δl_h——尺段的倾斜改正数，单位为 m；

Δl——钢尺在检定温度下的尺长改正数，等于实际长度减名义长度，单位为 m；

l_0——钢尺的名义长度，单位为 m；

l——尺段的名义距离，单位为 m；

α——钢尺的膨胀系数，一般取α=1.25×10^{-5}/℃；

t——丈量时的平均温度，单位为℃；

h——尺段两端点的高差，单位为 m；

d——尺段的实际距离，单位为 m。

【例 4–2】如表 4–1 所示，钢尺名义长度 30 m，20℃时检定，实际长度为 29.995 m，钢尺的膨胀系数α=1.25×10^{-5}/℃。1–2 尺段实测距离 l=29.908 7 m，量距时温度 t=+28.5℃，1–2 两点间的高差 h_{AB}=–0.385 m，计算该尺段改正后的水平距离。

表 4–1　精密量距记录计算手簿

钢尺编号：No3　　钢尺的膨胀系数：1.25×10^{-5}/℃　　钢尺检定时温度：20℃

钢尺名义长度：30 m　　钢尺检定时长度：29.995 m　　钢尺检定时拉力：100 N

尺段编号	实测次数	前尺读数/m	后尺读数/m	尺段长度/m	温度/℃	高差/m	尺长改正数/m	温度改正数/m	倾斜改正数/m	改正后尺段长/m
A–1	1	29.989 0	0.369 5	29.619 5	+25.5	–0.077	–0.004 9	+0.002 0	–0.000 1	29.616 3
	2	940	745	195						
	3	295	105	190						
	平均			29.619 3						
1–2	1	29.964 0	0.056 0	29.908 0	+28.5	–0.385	–0.005 0	+0.003 2	–0.002 5	29.904 4
	2	735	640	095						
	3	745	660	085						
	平均			29.908 7						

续表

尺段编号	实测次数	前尺读数/m	后尺读数/m	尺段长度/m	温度/℃	高差/m	尺长改正数/m	温度改正数/m	倾斜改正数/m	改正后尺段长/m
2–B	1	23.866 0	0.282 5	23.583 5	+32.0	−0.449	−0.003 9	+0.003 5	−0.004 3	23.579 1
	2	680	840	840						
	3	780	940	840						
	平均			23.583 8						
B–2	1	23.814 0	0.227 5	23.586 5	+26.0	+0.449	−0.003 9	+0.001 8	−0.004 3	23.580 3
	2	8 550	2 680	870						
	3	9 410	3 545	865						
	平均			23.586 7						
2–1	1	29.978 0	0.068 0	29.910 0	+28.5	+0.385	−0.005 0	+0.003 2	−0.002 5	29.905 7
	2	510	410	100						
	3	635	535	100						
	平均			29.910 0						
1–A	1	29.913 0	0.295 5	29.617 5	+26.0	+0.077	−0.004 9	+0.002 2	−0.000 1	29.614 2
	2	8 455	2 290	165						
	3	7 050	0 880	170						
	平均			29.617 0						

计算结果：D_{AB}=83.099 8 m

D_{BA}=83.100 2 m

$D_{平均}$=83.100 0 m

K=|83.099 8 m−83.100 2 m|/83.100 0 m=1/207 750

解

$$\Delta l = 29.995\ \text{m} - 30\ \text{m} = -0.005\ \text{m}$$

$$\Delta l_d = \frac{-0.005\ \text{m}}{30\ \text{m}} \times 29.908\ 7\ \text{m} = -0.005\ 0\ \text{m}$$

$$\Delta l_t = (1.25\times10^{-5}\ /℃)\times(28.5℃-20℃)\times 29.908\ 7\ \text{m} = 0.003\ 2\ \text{m}$$

$$\Delta l_h = -\frac{(-0.385\ \text{m})^2}{2\times 29.908\ 7\ \text{m}} = -0.002\ 5\ \text{m}$$

$$d_{12} = l + \Delta l_d + \Delta l_t + \Delta l_h = 29.908\ 7\ \text{m} - 0.005\ 0\ \text{m} + 0.003\ 2\ \text{m} - 0.002\ 5\ \text{m} = 29.904\ 4\ \text{m}$$

将往测各段改正后的水平距离相加即得到往测的水平距离，如表 4–1 中，A、B 往测的水平距离 D_{AB} 为

$$D_{AB}=83.099\ 8\ \text{m}$$

同理，A、B 返测的水平距离 D_{BA}

$$D_{BA}=83.100\ 2\ \text{m}$$

A、B 水平距离的平均值 $D_{平均}$

$$D_{平均}=83.100\ 0\ \text{m}$$

其相对误差 K 为

$$K=\frac{|83.0998\text{ m}-83.1002\text{ m}|}{83.1000\text{ m}}\approx\frac{1}{207\,750}$$

【例 4–3】用名义长 50 m，实际长 49.995 1 m 的钢尺，以标准拉力往返测得 A、B 两点距离的平均值 $D'=175.828$ m，丈量时的平均温度 $t=-6$℃，两点间高差 $h=3.500$ m，计算 A、B 两点间实际水平距离 D_{AB}。

解　（1）尺长改正数

$$\Delta D_d=\frac{\Delta l}{l_0}D'=\frac{49.9951-50.000}{50.000}\times175.828=-0.0172\text{ m}$$

（2）温度改正数

$$\Delta D_t=\alpha(t-20)D'=0.000\,012(-6-20)\times175.828=-0.0549\text{ m}$$

（3）倾斜改正数

$$\Delta D_h=-\frac{h^2}{2D'}=-\frac{3.500\times3.500}{2\times175.828}=-0.0348\text{ m}$$

（4）三项改正数之和

$$\sum\Delta D=\Delta D_d+\Delta D_t+\Delta D_h=-0.0172-0.0549-0.0348=-0.107\text{ m}$$

（5）A、B 两点间实际水平距离

$$D_{AB}=D'+\sum\Delta D=175.828+(-0.107)=175.721\text{ m}$$

（三）测设水平距离

已知水平距离的测设就是从地面上已知起点开始，沿给定方向量出设计的实地水平距离，在地面上标定出这段距离另一端点的位置。

1. 一般方法

如图 8–1 所示，设 A 为地面上已知点，l 为设计的水平距离，要在地面上沿给定方向上，测设水平距离 l，以定出线段的另一端点 B。当精度要求不高时，可用钢尺从已知起点 A 开始，根据所给定的水平距离 l，沿已知方向 AB 定出水平距离的另一端点 B'，为了校核，将钢尺移动 10～20 cm，同法再测设一点 B''，若两次点位之差在限差（1/3 000～1/2 000）之内，则取两次端点平均位置 B 作为最后的位置。

2. 精确方法

当测设精度要求高时，则必须使用检定过的钢尺进行测量。测设时，先按一般方法放样，再对所放样距离进行精密改正，即进行尺长、温度和倾斜三项改正，但注意三项改正数的符号与量距时相反。有如下计算式

$$l_{放}=l-\Delta l_d-\Delta l_t-\Delta l_h \tag{4–11}$$

【例 4–4】设欲放样 A、B 的水平距离 $l=29.9100$ m，使用的钢尺名义长度为 30 m，实际长度为 29.995 0 m，钢尺检定时的温度为 20℃，钢尺膨胀系数为 1.25×10^{-5}，A、B 两点的高差为 $h=0.385$ m，实测时温度为 28.5℃。放样时在地面上应量出的长度为多少?

解　首先进行三项改正计算。

尺长改正：
$$\Delta l_d=\frac{\Delta l}{l_0}l=\frac{29.9950}{30}\times29.9100=-0.0050\text{ m}$$

温度改正：$\Delta l_t = \alpha(t-t_0)l = 1.25\times10^{-5}\times(28.5-20)\times29.910\,0 = 0.003\,2$ m

倾斜改正：$$\Delta l_h = -\frac{h^2}{2l} = -\frac{0.385^2}{2\times29.910\,0} = -0.002\,5\text{ m}$$

则放样长度为：$$l_{放} = l - \Delta l_d - \Delta l_t - \Delta l_h = 29.914\,3\text{ m}$$

【例 4–5】欲测设 *A*、*B* 距离为 48.000 m，丈量条件：地面水平，其他同例 4–3，求钢尺上读什么数值 D' 时为欲测设的 *B* 点？（测设已知长度，即起点、测设方向和欲测设长度均已知）

解　（1）测设尺长改正数

$$\Delta D_d = \frac{\Delta l}{l_0}D = \frac{49.995\,1-50.000}{49.995\,1}\times48.000 = -0.004\,7\text{ m}$$

（2）测设温度改正数

$$\Delta D_t = \alpha(t-20)D = 0.000\,012(-6-20)\times48.000 = -0.015\,0\text{ m}$$

（3）测设改正数之和

$$\sum\Delta D = \Delta D_d + \Delta D_t = -0.004\,7 - 0.015\,0 = -0.020\text{ m}$$

（4）尺读数

$$D' = D - \sum\Delta D = 48.000-(-0.020) = 48.020\text{ m}$$

三、钢尺量距注意事项

两点间定线要直；尺身要水平；拉力要准、稳；前后尺手配合要齐，对点与读数要及时、准确。

钢尺在使用中要注意五防，即防折、防踩、防轧、防潮、防电；尺身尽量不拖地擦行以保护尺面。

第二节　视 距 测 量

视距测量是根据几何光学原理，利用测量仪器望远镜内两条视距丝，同时测定地面点间的距离和高差的一种方法。它与钢尺量距相比，操作简便、速度快，可不受地形限制，其精度约为 1/300。一般用于地形测图，虽不能用于放线测量，但可用于测绘现场布置图和精度要求不高的估测中。

视距测量所用的主要仪器和工具有经纬仪、水准仪和视距尺。视距尺和水准尺基本相同。

一、视距测量的基本原理

1. 视线水平时水平距离和高差的公式

如图 4–2 所示，在 *A* 点安置经纬仪，在 *B* 点竖立视距尺，用望远镜照准视距尺，当望远镜视线水平时，视线与尺子垂直。上、下视距丝读数之差称为视距间隔或尺间隔，用 l 表示。

在图 4–2 中，$p=\overline{mn}$ 为上、下视距丝的间距，$l=\overline{MN}$ 为视距间隔，f 为物镜焦距，δ 为物镜中心到仪器中心的距离。由相似$\Delta m'Fn'$ 和ΔMFN 可得

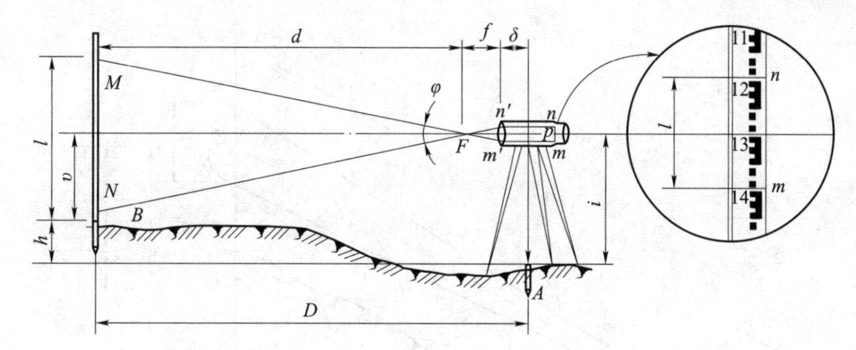

图 4–2　视线水平时的视距测量原理

$$\frac{d}{l}=\frac{f}{p} \quad \text{即} \quad d=\frac{f}{p}l$$

因此，由图 4–2 知

$$D=d+f+\delta=\frac{f}{p}l+f+\delta$$

令 $K=\dfrac{f}{p},C=(f+\delta)$，则有

$$D=Kl+C \tag{4–12}$$

式中，K——视距乘常数，通常 K=100；

C——视距加常数。

式（4–12）是用外对光望远镜进行视距测量时计算水平距离的公式。对于内对光望远镜，其加常数 C 值接近零，可以忽略不计，故水平距离为

$$D=Kl=100l \tag{4–13}$$

同时，由图 4–2 可知，A、B 两点间的高差 h 为

$$h=i-v \tag{4–14}$$

式中，i——仪器高（m）；

v——十字丝中丝在视距尺上的读数，即中丝读数（m）。

2. 视线倾斜时水平距离和高差的公式

在地面起伏较大时，必须使望远镜处于倾斜位置才能瞄准视距尺，视线与视距尺尺面不垂直，因此式（4–13）和式（4–14）不适用。

如图 4–3 所示，如果把竖立在 B 点上视距尺的尺间隔 MN，换算成与视线相垂直的尺间隔 $M'N'$，就可用式（4–13）计算出倾斜距离 L。然后再根据 L 和竖直角 α，算出水平距离 D 和高差 h。

从图 4–3 可知，在 $\Delta EM'M$ 和 $\Delta EN'N$ 中，由于 φ 角很小（约 34′），可把 $\angle EM'M$ 和 $\angle EN'N$ 视为直角。而 $\angle MEM'=\angle NEN'=\alpha$，因此

$$\overline{M'N'}=\overline{M'E}+\overline{EN'}=\overline{ME}\cos\alpha+\overline{EN}\cos\alpha=(\overline{ME}+\overline{EN})\cos\alpha=\overline{ME}\cos\alpha$$

式中，$\overline{M'N'}$ 就是假设视距尺与视线相垂直的尺间隔 l'，$\overline{MN}$ 是尺间隔 l，所以

$$l'=l\cos\alpha$$

将上式代入式（4–13），得倾斜距离 L

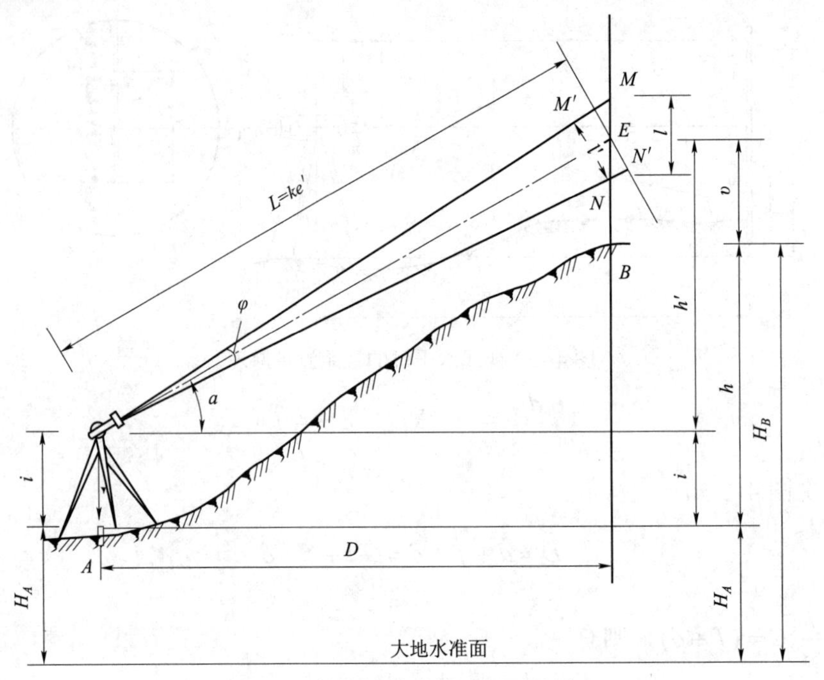

图 4–3　视线倾斜时的视距测量原理

$$L=K'l=Kl\cos\alpha$$

因此，A、B 两点间的水平距离为：

$$D=L\cos\alpha=Kl\cos^2\alpha \tag{4–15}$$

式（4–15）为视线倾斜时水平距离的计算公式。

由图 4–3 可以看出，A、B 两点间的高差 h 为：

$$h=h'+i-v$$

式中，h' ——初算高差。

$$h'=L\sin\alpha=Kl\cos\alpha\sin\alpha=\frac{1}{2}Kl\sin2\alpha \tag{4–16}$$

所以

$$h=\frac{1}{2}Kl\sin2\alpha+i-v \tag{4–17}$$

式（4–17）为视线倾斜时高差的计算公式。

二、视距测量的施测方法

（1）如图 4–3 所示，在 A 点安置经纬仪，量取仪器高 i，在 B 点竖立视距尺。

（2）盘左（或盘右）位置，转动照准部瞄准 B 点视距尺，分别读取上、下、中三丝读数，并算出尺间隔 l。

（3）转动竖盘指标水准管微动螺旋，使竖盘指标水准管气泡居中，读取竖盘读数，并计算竖直角 α。

（4）根据尺间隔 l、竖直角 α、仪器高 i 及中丝读数 v，按式（4–15）和式（4–17）计算

水平距离 D 和高差 h。

三、视距测量注意事项

（1）读数时注意消除视差，认真读取视距尺间隔，并应尽可能缩短视线长度。

（2）竖直角误差对于水平距离影响不显著，而对高差影响较大，故用视距测量方法测定高差时应注意准确测定竖直角。

（3）标尺上应有水准器，立时尺必须保证严格竖直，特别是在山区作业时更应注意。

（4）视线越接近地面垂直折光差的影响也越大，因此观测时应使视线离开地面至少 1 m 以上（上丝读数不得小于 0.3 m）。

（5）应选择合适的观测时间，尽可能避开大面积水域。

（6）视距测量前应严格检验视距乘常数 K。

第三节　光电测距

光电测距是一种先进的测距方法，它是以不同波段的电磁波作为载波传输测距信号，通过测定光电波往返传播的时间差或相位差来测量距离。光电测距和传统的钢尺量距相比，只要有通视条件，可不受地形限制，而且有测程远、精度高、速度快等优点。

光电测距仪按光源不同可分为微波测距仪、激光测距仪和红外光测距仪；按测程分为短程（测量距离 $D < 5$ km）、中程（3 km $\leqslant D \leqslant 15$ km）、远程（$D > 15$ km）；按构造分全站仪（电子测角与光电测距成为一个整体）与半站仪（光学或电子经纬仪与光电测距仪组合而成）。红外测距仪多用于短、中程测距的地形测量和工程测量。

光电测距仪是集光学、机械、电子于一体的精密仪器，防潮、防尘、防震是保护好其内部光路、电路及原件的重要措施，一般不宜在 40℃以上高温和−15℃以下低温的环境中作业和存放。它的检定按《光电测距仪检定规程》（JJG 703—2003）进行，检定周期为一年。

一、光电测距的基本原理

光电测距的原理有脉冲式和相位式两种，目前短程红外光电测距仪都是相位式的。

1. 脉冲法

如图 4–4 所示，欲测量 A、B 两点间的距离 D，在 A 点安置光电测距仪，在 B 点安反光镜，测距仪发出的光脉冲传播到反光镜后被反射，又被光电测距仪接收，如果测出从光脉冲

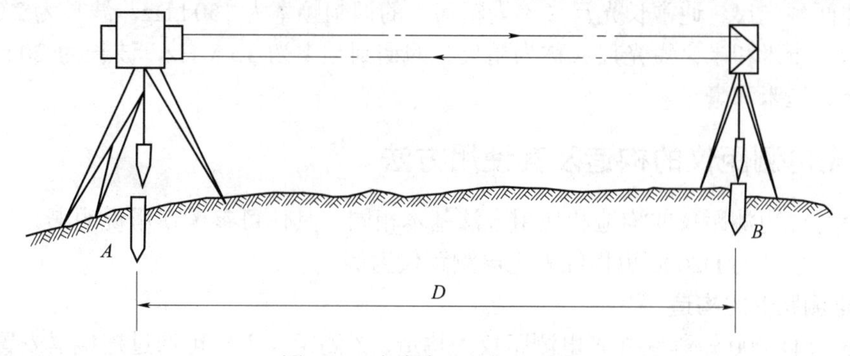

图 4–4　脉冲法光电测距原理

发射到接收经历的时间为 t，则距离 D 可由下式求出。

$$D=\frac{1}{2}ct \tag{4–18}$$

式（4–17）即为脉冲法测距的基本原理。由于脉冲宽度和测距仪计时分辨率的限制，脉冲法测距的精度较低，通常只能达到米级。

2. 相位法

相位式光电测距仪将光源发出的光进行调制，产生光强随高频信号变化的调制光，通过测量调制光在待测距离上往返传播的相位差 ϕ 来计算距离。

将调制光的往程和返程展开，得到图 4–5 所示的波形。设光波的波长为 λ，如果整个过程光传播的整波长数为 N 个，最后一段不足整波长，其相位差为 $\Delta\phi$（数值小于 2π），对应的整波长数为 $\Delta\phi/2\pi$（为一纯小数），可见图中 A、B 间的距离为 $A—B—A$ 全程的一半，可由下式求出。

$$D=\frac{1}{2}\lambda\left(N+\frac{\Delta\phi}{2\pi}\right) \tag{4–19}$$

式（4–19）就是相位法测距的基本原理。将式（4–19）和式（4–1）比较可以看出，两个公式是相似的。相位法相当于用“光尺”代替钢尺进行量距，“光尺长”为 $\lambda/2$。

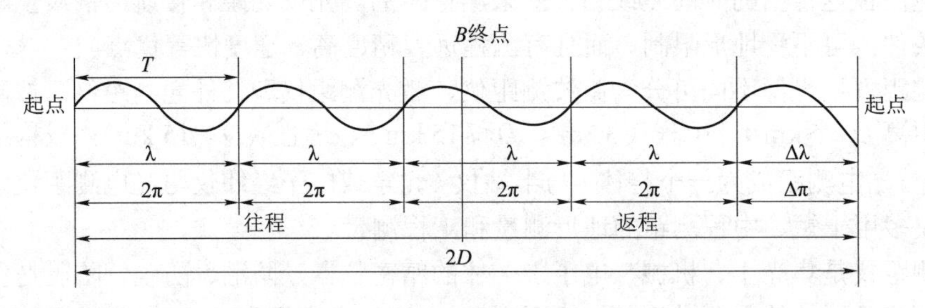

图 4–5　相位法光电测距原理

相位式光电测距仪只能测出相位差的尾数 $\Delta\phi$，测不出整波长数 N，因此只能测量小于波长的距离。当 N=0 此时式（4–19）变为：

$$D=\frac{\Delta\phi}{2\pi}\cdot\frac{\lambda}{2} \tag{4–20}$$

为了扩大测程，应选择波长 λ 比较大的光尺，但光电测距仪的测相误差约为 1/1 000，光尺越长，误差越大。为了解决扩大测程和提高精度的矛盾，短程光电测距仪通常采用两个调制频率，即两种光尺。通常长光尺（称为粗尺）的调制频率为 150 kHz，波长为 2 000 m，用于测定百米、十米和米；短光尺（称为精尺）的调制频率为 15 MHz，波长为 20 m，用于测定米、分米、厘米和毫米。

二、光电测距仪的构造及其使用方法

各种型号光电测距仪的构造和使用方法基本相同，具体可参考使用说明书。下面以常州大地测距仪厂生产的 D2000 短程红外光电测距仪为例。

1. 光电测距仪的构造

图 4–6 为 D2000 短程红外光电测距仪的构造，该测距仪主机可通过连接器安置在普通光

学经纬仪或电子经纬仪上，连接后如图 4–7 所示。利用光轴调节螺旋，可使测距仪主机的光轴与经纬仪视准轴位于同一竖直面内。如图 4–8 所示，测距仪水平轴到经纬仪水平轴的高度与觇牌中心到反射棱镜的高度相同，因而经纬仪瞄准觇牌中心的视线与测距仪瞄准反射棱镜中心的视线能保持平行。

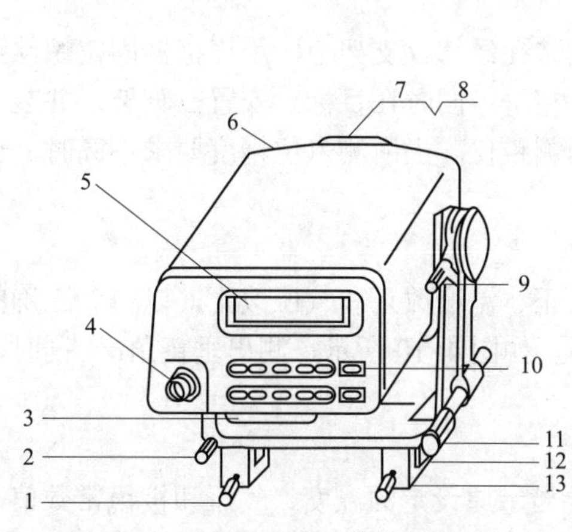

图 4–6　D2000 短程红外光电测距仪

1—座架固定手轮；2—照准轴水平调整手轮；3—电池；4—望远镜目镜；5—显示器；6—RS–232 接口；7—物镜；8—物镜罩；9—俯仰固定手轮；10—键盘；11—俯仰调整手轮；12—间距调整螺丝；13—座架

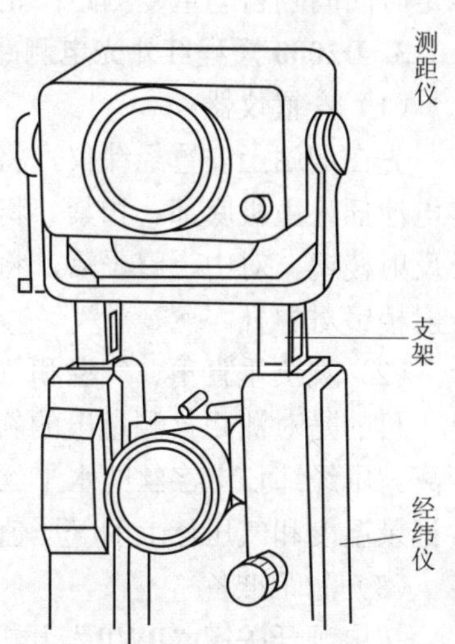

图 4–7　光电测距与经纬仪的连接

图 4–9 为与主机配套的反射棱镜，通常距离在 1 500 m 以内选用单棱镜，如距离超过 1 500 m、小于 2 500 m 则选用三棱镜，棱镜安置在三脚架上，利用光学对中器和水准管进行对中和整平。

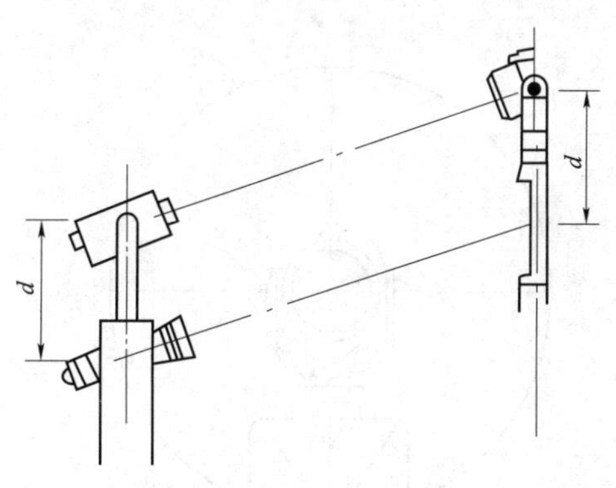

图 4–8　经纬仪瞄准觇牌中心的视线与测距仪瞄准反射棱镜中心的视线平行

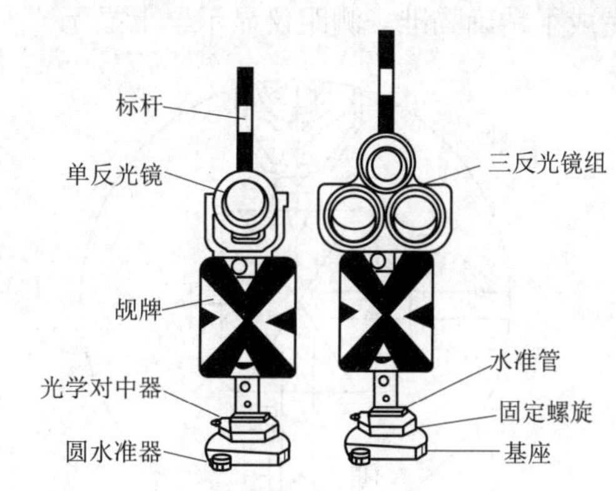

图 4–9　反射棱镜

2. D2000 短程红外光电测距仪的主要功能及技术指标

D2000 短程红外光电测距仪的最大测程为 2.5 km，如所测距离为 D，测距精度可达到 ±（$3\ \text{mm}+2\times10^{-6}\times D$）；最小读数为 1 mm。该测距仪可根据环境情况自动调节光强，也设有手动光强调节装置；如果向测距仪输入温度、气压和棱镜常数，可自动对结果进行改正；

如输入竖直角则可自动计算出水平距离和高差；可通过距离预置功能输入已知水平距离进行定线放样；若输入测站坐标和高程，可自动计算观测点的坐标和高程。D2000 短程红外光电测距仪的测距方式有跟踪测量和正常测量两种方式，其中跟踪测量所需时间为 0.8 s，能每隔一定时间间隔自动重复测距；正常测量所需时间为 3 s，能显示数次测量的平均值。

3. D2000 短程红外光电测距仪的使用方法

（1）安置仪器

先在测站上安置经纬仪，将测距仪主机安装在经纬仪支架上，用连接器固定螺丝锁紧，将电池插入主机底部、扣紧。将经纬仪对中、整平；同时在目标点安置三脚架，并装上基座及反射棱镜，对中、整平后，将反射棱镜对向测距仪。当所测点位精度要求不高时，也可用反射棱镜对中杆。

（2）观测垂直角、气温和气压

目的是对测距仪测量出的斜距进行倾斜改正、温度改正和气压改正，以得到正确的水平距离。用经纬仪十字丝的水平丝照准觇板中心，如图 4–10 所示，测出垂直角α。同时，观测并记录温度和气压计上的气压值。

（3）测距准备

按电源开关键“PWR”开机，主机自检并显示原设定的温度、气压和棱镜常数值，自检通过后将显示“good”。

若修正原设定值，可按“TPC”键后输入温度、气压值或棱镜常数。一般情况下，只要使用同一类反光镜，棱镜常数不变，而温度、气压每次观测均可能不同，需要重新设定。

（4）距离测量

调节测距仪主机水平调整手轮（或经纬仪水平微动螺旋）和主机俯仰微动螺旋，使测距仪望远镜精确瞄准棱镜中心，如图 4–11 所示。在显示“good”的状态下，可根据蜂鸣器声音来判断瞄准的程度，信号越强声音越大，上下左右微动测距仪，使蜂鸣器的声音达到最大，便完成了精确瞄准，测距仪显示器上显示“*”号。

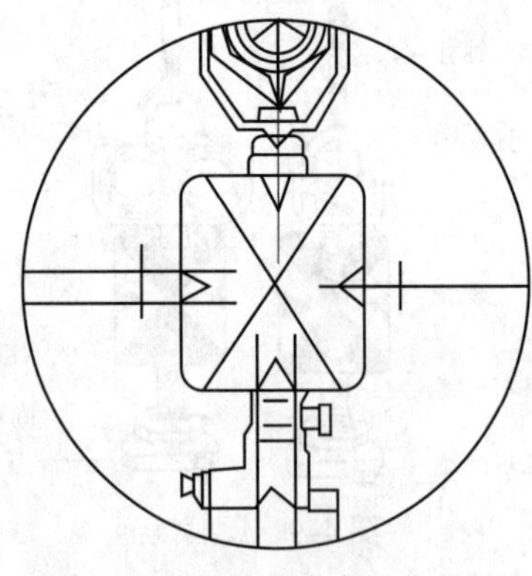

图 4–10　经纬仪十字丝水平丝照准觇板中心

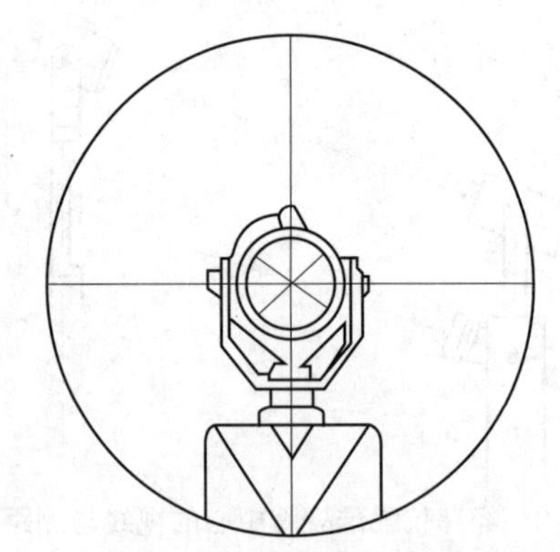

图 4–11　测距仪望远镜精确瞄准棱镜中心

精确瞄准完成后，按“MSR”键，主机将测定并显示经温度、气压和棱镜常数改正后的斜距。在测量中，若光路受挡或大气抖动，测量将暂时中断，此时“*”号消失，待光强正常后继续自动测量；若光束中断 30 s 以上，必须待光强恢复后再按“MSR”键重新观测。

利用测距仪可直接将斜距换算为水平距离，按“V / H”键后输入竖直角数值，再按“SHV”键显示水平距离。连续按“SHV”键可依次显示斜距、水平距离和高差的数值。包括测设已知水平距离、测设已知水平角和测设已知高程。

4. 光电测距仪测设

由于光电测距仪的普及，目前水平距离测设，尤其是长距离的测设多采用光电测距仪。

用光电测距仪放样已知水平距离与用钢尺放样的方式一致，先用跟踪法放出另外一端点，再精确测定其长度，最后进行改正。

如图 4–12 所示，安置光电测距仪于 A 点，瞄准并锁定已知方向，沿此方向移动反光棱镜，使仪器显示值为所放样水平距离时，则在棱镜所在位置定出端点 B。为了进一步提高放样精度，可用光电测距仪精确测定 A、B 的水平距离，并与已知值比较算出差值 ΔD。根据 ΔD 的正负情况，再用钢尺从 B 点沿 AB 方向向内或向外量 ΔD 得 B' 点。

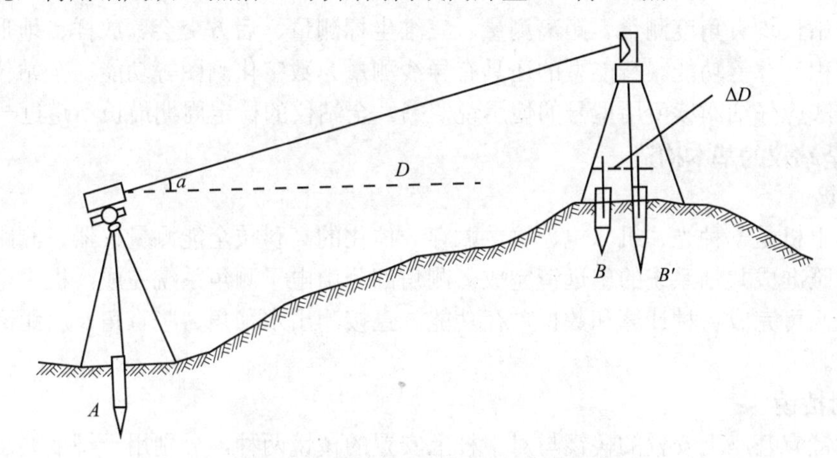

图 4–12　光电测距测设已知水平距离

将反光镜移到 B' 点，精确测定 A、B' 间水平距离，如果与 D 之差在限差之内，则 AB' 为最后的测设结果；如果与 D 之差超过限差，则按上述方法再次测设，直到 ΔD 小于规定限差时为止，从而定出已知水平距离的另外一端点。

5. 光电测距仪使用要点

（1）使用前要仔细阅读仪器说明书

了解仪器的主要技术指标与性能，如标称精度、棱镜常数与测距的配套、温度与气压对测距的修正等。

（2）测距仪要专人使用、专人保管

仪器要按检定规程要求定期送检。每次使用前后，均要检查主机各操作部件运转是否正常，棱镜、气压计、温度计、充电器等附件是否齐全、完好。

（3）测站与测线的位置符合要求

测站不应选在强电磁场影响的范围内，如变压器、高压线等附近；测线应高出地面或障碍物 1.3 m 以上，且测线附近与其延长线上不应有反光物体，避免通过发热体和较宽水面的上空。

（4）测距前一定要做好准备工作

要是测距仪与现场温度相适应，并检查电池电压是否符合要求，反射棱镜是否与主机配套。

（5）同一条测线上只能放一个反射棱镜。

（6）测距仪与反光棱镜严禁照向强光源。

（7）仪器安置后，测站、棱镜站均不得离人，阳光下作业要打伞。风大时，仪器和反射棱镜均要有保护措施。如出现电压报警，注意及时更换电池。测距完毕后应立即关机，换站时应断电后再搬仪器。

三、全站仪

全站仪，即全站型电子速测仪，是由电子测角、电子测距、电子计算和数据存储单元等组成的三维坐标测量系统，测量结果能自动显示，并能与外转设备交换的多功能测量仪器。由于全站型电子速测仪较完善地实现了测量和处理过程的电子化和一体化，所以人们也通常称之为全站型电子速测仪，简称全站仪。

一般全站仪均有角度测量、距离测量、三维坐标测量、后方交会、放样、地形测量、对边测量、面积计算等功能。智能型的还具有导线测量、数字化测图等功能。全站仪的构造、具体操作方法应仔细阅读所用型号的使用说明书。全站仪的检定周期最长不超过一年。

（一）全站仪的基本构造

1. 主机

全站仪主机是一种光、机、电、算、贮存一体化的高科技全能测量仪器。测距部分由发射、接收与照准成共轴系统的望远镜完成，测角部分由电子测角系统完成，机中电脑编有各种应用程序，可完成各种计算和数据贮存功能。直接测出水平角、竖直角及斜距离是全站仪的基本功能。

2. 反射棱镜

反射棱镜有基座上安置的棱镜与对中杆上安置的棱镜两种，分别用于精度要求较高的测点上或一般的测点上。反射棱镜均可水平转动与俯仰转动，以使镜面对准全站仪的视线方向。

3. 电源

电源分为机载电池与外接电池两种。

（二）全站仪的基本操作方法

全站仪是多功能综合、构造精密的自动化仪器，使用前一定要仔细阅读仪器说明书，了解仪器的性能与特点。仪器要专人使用，按期检定，定期检查主机与附件是否齐全、运转是否正常。在现场观测中仪器与反射棱镜均必须有专人看守。在测站上的操作步骤如下。

（1）安置仪器。对中、整平后，测出仪器的视线高。

（2）开机自检。打开电源，仪器自动进入自检。

（3）输入参数。主要是棱镜常数，温度、气压及湿度等气象参数。

（4）选定模式。主要是测距单位、小数位数及测距模式、角度单位及测角模式。

（5）后视已知点。输入测站已知坐标及后视边已知方位后，对后视点进行观测，以校核坐标值。

（6）观测前视欲求点位。一般有四种模式：测角度，同时显示水平角与竖直角；测距，同时显示斜距离、水平距离与高差；测点的极坐标，同时显示水平角与水平距离；测点位，同时显示 y，x，H。

（7）应用程序测量。全站仪均有内存的专用程序，可进行多种测量，如按已知数据进行点位测设；对边测量：观测两个目标点，即可测得其斜距离、水平距离、高差及方位角；面积测量：观测几点坐标后，即可测算出各点连线所围成的面积；后方交会：在需要的地方安置仪器，观测 2～5 个已知点的距离及夹角，即可按后方交会的原理测定仪器所在的位置；导线测量等。

（三）全站仪使用示例

1. 全站仪测定地面点位

如图 4–13 所示，设 *O* 点、*A* 点已知，欲测定 *B* 点位置，操作步骤如下：将全站仪安置在观测点 *O* 上，对中、整平；将反射棱镜通过三脚架对中，分别安置在 *A* 点、*B* 点；望远镜正镜照准 *A* 点的反射棱镜中心 ；打开电源开关，水平度盘置为零，输入 *O* 点坐标、高程及 *A* 点坐标、仪器高、棱镜高、气象改正参数等数据；顺时针转动望远镜，照准 *B* 点棱镜中心，按动坐标观测按钮，显示得出 *B* 点的坐标和高程；望远镜倒镜照准 *A* 点，水平度盘置为零，再次测得 *B* 点的坐标和高程。

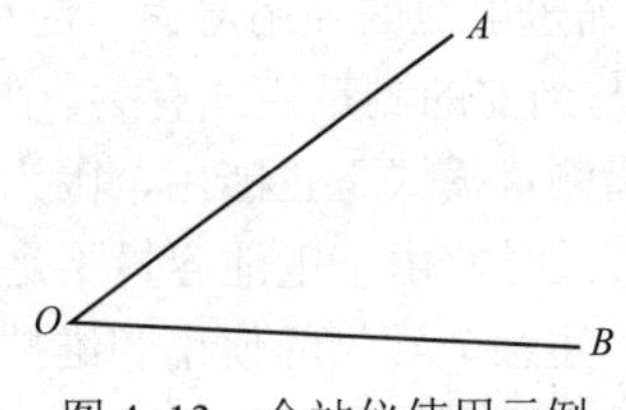

图 4–13　全站仪使用示例

2. 全站仪测设地面点位

如图 4–13 所示，设 *O* 点、*A* 点已知，欲测设 *B* 点位置，操作步骤如下：将全站仪安置在观测点 *O* 上，对中、整平；将反射棱镜通过三脚架对中，安置在 *A* 点；望远镜正镜照准 *A* 点的反射棱镜中心 ；打开电源开关，水平度盘置为零，输入 *O* 点坐标、高程及 *A* 点坐标、仪器高、棱镜高、气象改正参数等数据；按动坐标观测按钮，顺时针转动望远镜，追踪测设点的反射棱镜，可以显示出测设点的实际坐标，与 *B* 点的设计坐标比较，根据坐标差值移动反射棱镜位置，直至显示坐标为设计坐标，即可定出 *B* 点位置。

（四）注意事项

（1）仪器的保管由专人负责，现场使用完毕带回办公室，不得放在现场工具箱内。

（2）仪器箱内应保持干燥，要防潮防水并及时更换干燥剂。仪器必须放置在专门架上或固定位置，不得倒置。

（3）仪器长期不用时，应一个月左右定期取出，通风防霉，通电驱潮，以保持仪器良好的工作状态。

（4）开工前应检查仪器箱背带及提手是否牢固。

（5）开箱后提取仪器前，要看准仪器在箱内放置的方式和位置。装卸仪器时，必须握住提手；将仪器取出或装入仪器箱时，应握住提手和底座，不可握显示单元的下部。切不可拿仪器的镜筒，否则会影响内部固定部件，从而降低仪器的精度。仪器用毕，先盖上物镜罩，并擦去表面的灰尘；装箱时各部位要放置妥帖，合上箱盖时应无障碍。

（6）搬站之前，应检查仪器与脚架的连接是否牢固，搬运时，应把制动螺旋略微关住，使仪器在搬站过程中不致晃动。

（7）仪器任何部分发生故障，不勉强使用，应立即检修，否则会加剧仪器的损坏程度。

（8）注意轻拿轻放、放正、不挤不压，无论天气晴雨，均要事先做好防晒、防雨、防震等措施。

（9）全站仪的电池是全站仪最重要的部件之一，现在全站仪所配备的电池一般为 Ni–MH（镍氢电池）和 Ni–Cd（镍镉电池），电池的好坏、电量的多少决定了外业时间的长短。建议在电源打开期间不要将电池取出，因为此时存储数据可能会丢失，因此请在电源关闭后再装入或取出电池。

（10）可充电池可以反复充电使用，但是如果在电池还存有剩余电量的状态下充电，则会缩短电池的工作时间，此时，电池的电压可通过刷新予以复原，从而改善作业时间，充足电的电池放电时间约需 8 小时。

（11）不要连续进行充电或放电，否则会损坏电池和充电器，如有必要进行充电或放电，则应在停止充电约 30 分钟后再使用充电器。

（12）超过规定的充电时间会缩短电池的使用寿命，应尽量避免。

（13）电池剩余容量显示级别与当前的测量模式有关，在角度测量的模式下，电池剩余容量够用，并不能够保证电池在距离测量模式下也能用，因为距离测量模式耗电高于角度测量模式，当从角度模式转换为距离模式时，由于电池容量不足，会中止测距。

总之，只有在日常的工作中，注意全站仪的使用和维护，注意全站仪电池的充放电，才能延长全站仪的使用寿命，使全站仪的功效发挥到最大。

教学小结

- 水平距离是地面上两点在水平投影面上的投影长度。
- 钢尺量距的工具主要有钢尺、标杆、测钎和铅锤等。
- 当地面上两点间的距离超过尺全长时，在通过两点的竖直面内定出若干中间点以便分段丈量，这种工作称为直线定线。直线定线的方法有目估定线和经纬仪定线两种。
- 钢尺量距计算：

$$D=nl+l' \qquad \text{或 } D=\sqrt{L^2-h^2} \qquad \text{或 } D=L\cos\alpha$$

$$K=\frac{|D_{往}-D_{返}|}{D_{平均}}=1\Big/\frac{D_{平均}}{|D_{往}-D_{返}|}$$

$$D=D_{平均}=\frac{1}{2}(D_{往}+D_{返})$$

- 钢尺精密量距计算：

尺长改正数 $\Delta l_d=\frac{\Delta l}{l_0}l$；

温度改正数 $\Delta l_t=\alpha(t-t_0)l$；

倾斜改正数 $\Delta l_h=-\frac{h^2}{2l}$；

改正后水平距离 $d=l+\Delta l_d+\Delta l_t+\Delta l_h$

● 光电测距基本原理：脉冲法 $D=\frac{1}{2}ct$；相位法 $D=\frac{1}{2}\lambda\left(N+\frac{\Delta\phi}{2\pi}\right)$，当 $N=0$ 时，$D=\frac{\Delta\phi}{2\pi}\cdot\frac{\lambda}{2}$。

● 全站仪是集测角、测距、计算、数据存储于一体的全站型电子速测仪。

● 全站仪测量点位的操作包括安置仪器、开机自检、输入参数、选定模式、后视已知点、观测前视欲求点位、应用程序测量。

思考题与习题

1. 直线定线的方法有哪些？

2. 下列情况对距离丈量结果有何影响？使丈量结果比实际距离增大还是减小？

（1）钢尺比标准长　　（2）定线不准　　（3）钢尺不水平

（4）拉力忽大忽小　　（5）温度比鉴定时低　　（6）读数不准

3. 丈量 *A*、*B* 两点水平距离，用 30 m 长的钢尺，丈量结果为往测 3 尺段，余长为 15.150 m，返测 3 尺段，余长为 15.210 m，试计算较差、相对误差及水平距离。

4. 请根据表 4–2 中线段 *AB* 的外业丈量成果，计算 *AB* 全长和相对误差。此钢尺名义长度为 30 m，20℃时长度为 30.005 m，钢尺的膨胀系数为 1.25×10^{-5}/℃，量距的精度要求为 $K_{容}$ = 1/10 000。

表 4–2　精密钢尺量距观测手簿

线段	尺段	尺段长度/mm	温度/℃	高差/m	尺长改正/m	温度改正/m	倾斜改正/m	水平距离/m
AB	A–1	29.391 5	10	+0.860				
	1—2	23.390 3	11	+1.280				
	2—3	26.680 2	11	–0.140				
	3—4	28.538 7	12	–1.030				
	4—B	17.899 6	13	–0.940				
	Σ往							
AB	B—4	17.900 0	13	+0.940				
	4—3	28.539 2	13	+1.030				
	3—2	26.680 8	10	+0.140				
	2—1	23.390 6	11	–1.280				
	1—A	29.391 5	12	–0.860				
	Σ返							

5. 钢尺量距的注意事项是什么？

6. 使用光电测距仪测距时，要特别注意什么？

7. 全站仪保养要点是什么？

8. 全站仪测量点位一般应如何操作？

9. 欲在一均匀坡度的场地上，测设一水平距离 AB=175.000 m。先用往返测法放样出斜距离 AB' =175.090 m，使用名义长度 50 m 的钢尺在 20℃、以 49 N 拉力与标准尺比较，该尺实长 49.995 m，线膨胀系数为 0.000 012/℃，放样时温度为–5℃，拉力为 49 N，又测得 h'_{AB}=–3.500 m，问 B' 是否应改正？改多少？向哪个方向改正才是欲求的 B 点（由 B' 向 A 方向改正或由 B' 向 A 延长线方向改正）？

第五章

施工测量的基本方法

第一节 测设点平面位置的基本方法

测设点的平面位置的基本方法有直角坐标法、极坐标法、角度（方向）交会法和距离交会法。可根据施工控制网的布设形式、控制点的分布、地形情况、放样精度以及施工现场条件等确定。使用光电测距仪定位时，宜选用极坐标法，测距仪的精度不应低于Ⅲ级；使用全站仪定位时，宜选用坐标放样法。

一、直角坐标法

直角坐标法是已知待定点和控制点间的坐标增量，借助经纬仪和钢尺测设点的平面位置的方法。

1. 施测方法及步骤

如图 5-1（a）所示，欲根据平行于建筑物的坐标轴，将某建筑物的四个角点 A、B、C、D 测设到地面上。先计算出各角点与原点 O 的纵、横坐标差，再依此测设各点点位。

以测设图中 A 点、C 点为例：

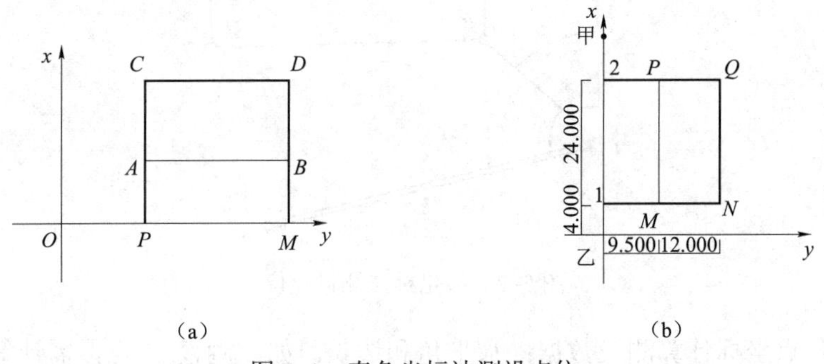

图 5-1 直角坐标法测设点位

（1）计算 A 点放样数据，即 OA 坐标增量，$\Delta y_{OA}=y_M-y_O$，$\Delta x_{OA}=x_M-x_O$；

（2）将经纬仪安置在 O 点，对中、整平，在 Oy 方向上量距离Δy_{OA}，可定出中间点 P；

（3）将经纬仪搬至 P 点，以 y 方向为后视，用测回法逆时针方向旋转 90°，沿视线方向量距离Δx_{OA}及 AC 间距，定出 A 点及 C 点位置；

（4）按以上步骤可测设出 B 点、D 点的位置；

（5）为了减少误差，在选择测设条件时应尽量以长边作后视测设短边，也就是说图 5–1（a）中，不应在 Ox 轴上定中间点测设 A 点、B 点与 C 点、D 点。

2. 适用条件

建筑物轴线平行于定位依据且为矩形时，宜选用直角坐标法。此法计算简单，施测方便，精度可靠，是常用方法之一。但安置一次经纬仪只能测设 90℃方向上的点位，迁站次数多，作业效率低。

【例 5–1】已知红线甲乙长 39.000 m，建筑物与红线平行，其对应关系如图 5–1（b）所示，试用直角坐标法测设该建筑物的位置。

解 （1）以乙点为原点，乙甲方向为 X 方向，建立平面直角坐标系，计算测设数据 $\Delta x_{乙M}$=4.000、$\Delta y_{乙M}$=9.500 及已知 MP 间距 24.000 m、MN 间距 12.000 m。

（2）在乙点安置经纬仪，照准甲点，在视线方向上量距 $\Delta x_{乙M}$及 MP 间距，定出中间点 1 和 2 后，校核 2 点和甲点间距应为 39.000–24.000–4.000=11.000 m。

（3） 分别在 1 点、2 点上安置经纬仪，后视甲点、乙点，分别顺时针、逆时针测设 90℃，用钢尺在视线方向上定出 M 点、N 点与 P 点、Q 点。

（4）用钢尺校核 NQ 两点间的距离和对角线长度（或用经纬仪校核∠N 或∠Q）是否在精度要求范围内。

二、极坐标法

极坐标法是已知待定点与测站点的水平距离及与已知方向的水平夹角，借助经纬仪和钢尺测设点的平面位置的方法。

1. 施测方法及步骤

如图 5–2 所示，设 A（x_A，y_A）、B（x_B, y_B）为已知坐标的控制点，AB 边为控制边，P、Q、R、S 为欲测设点位，其设计坐标分别为 P（x_P，y_P），…，S（x_S，y_S）。

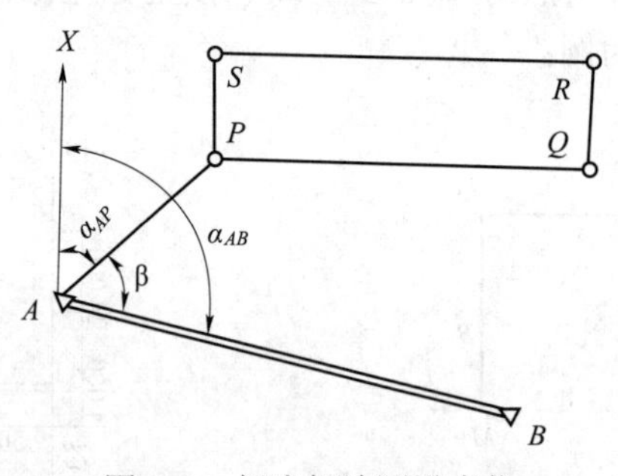

图 5–2　极坐标法测设点位

（1）根据各点坐标计算测设数据：水平角和边长。如欲测设 P 点，需计算水平角∠PAB 和边长 D_{AP}，计算公式如下：

$$\alpha_{AB} = \arctan\frac{(y_B - y_A)}{(x_B - x_A)}\arctan\frac{\Delta y_{AB}}{\Delta x_{AB}} \tag{5–1}$$

$$\alpha_{AP} = \arctan\frac{(y_P - y_A)}{(x_P - x_A)}\arctan\frac{\Delta y_{AP}}{\Delta x_{AP}}$$

$$\angle PAB = \alpha_{AB} - \alpha_{AP} \tag{5-2}$$

$$D_{AP} = \sqrt{(x_P - x_A)^2 + (y_P - y_A)^2} = \sqrt{(\Delta x_{AP})^2 + (\Delta y_{AP})^2} \tag{5-3}$$

式中，α_{AB} 为 AB 边的方位角；α_{AP} 为 AP 边的方位角。

（2）将经纬仪安置在 A 点，对中、整平后，以 B 点为后视，逆时针方向测设 $\angle PAB$，并在视线方向上量边长 D_{AP}，得到 P 点的平面位置。

同理，可测设 Q、R、S 点，待四个点全部测设完毕后，可通过量取对角线 PR 和 SQ 检查点位的准确性。

2. 适用条件

建筑物轴线不平行定位依据，或为任意形状时，宜选用极坐标法。只要通视，便于量距，安置一次全站仪或经纬仪可测设多个点位，效率高，适用范围广，精度均匀，误差不积累，但计算工作量较大。

【例 5–2】如图 5–1（b）所示，如何用极坐标法在乙点测设该建筑物的位置？

解：（1）按公式（5–1）、式（5–2）、式（5–3）计算测设数据，见表 5–1。

（2）在乙点安置经纬仪，以 0°00′00″后视甲点，在视线方向上量 28.000 m，定出 2 点；顺时针方向转动望远镜至 18°44′29″，在视线方向上量 29.568 m 确定 P 点。实量 2 点与 P 点距离应为 9.500 m，作为检核条件。其他各点依此类推。

（3）校核各点间距及对角线长度。

表 5–1 极坐标法测设点位

测站	后视	点名	直角坐标/m		极坐标		备注
			横坐标 y	纵坐标 x	极距 d/m	极角 α	
乙	甲		0.000	0.000			红线桩
			0.000	39.000			红线桩
		2	0.000	28.000			
		P	9.500	28.000	29.568	18°44′28″	
		Q	21.500	28.000	35.302	37°31′09″	
		N	21.500	4.000	21.869	79°27′39″	
		M	9.500	4.000	10.308	67°09′59″	
		1	0.000	4.000			

三、角度交会法

角度交会法是已知待定点和两个控制点间的水平角，借助经纬仪交会出待定点平面位置的方法，也称为方向交会法。

1. 施测方法及步骤

如图 5–3（a）所示，已知控制点 A、B、C 和待放样点 P 的坐标。

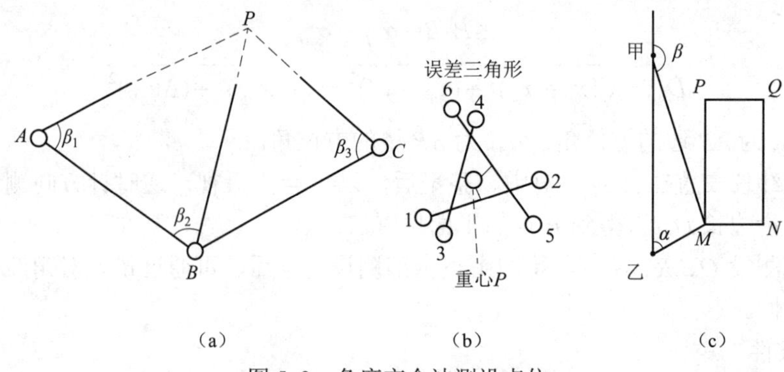

图 5–3　角度交会法测设点位

（1）根据各点坐标计算测设数据：水平夹角β_1、β_2、β_3 值。计算方法与极坐标法相同，即先由各点坐标计算各边方位角，再由方位角计算水平夹角。

（2）在 A 点、B 点、C 点各安置一台经纬仪，根据夹角β_1、β_2、β_3交会出 P 点位置。将经纬仪安置在控制点 A 上，后视点 B，根据已知水平角β_1盘左盘右取平均值定出 AP 方向线，并在方向线上的 P 点附近打两个小木桩，桩顶钉小钉，如图 5–3（b）中 1、2 两点。同法，分别在 B、C 两点安置经纬仪，放样出 3、4 和 5、6 四个点，分别表示 BP 和 CP 方向线。将各方向的小钉用细线拉紧，在地面上拉出三条线，若没有误差，三条线将交于一点，即为所求的 P 点。由于各种误差的存在，一般三条方向线不相交于一点，而交出一个小三角形，称为误差三角形。当其各边长均不超过 4 cm 时，可取其重心作为所求 P 点的位置；若各边长超限，则应重新放样。

2. 适用条件

建筑物距定位依据较远，地形较复杂且量距困难时，宜选用角度（方向）交会法。测设长距离时精度比量距的要高，但计算量较大，交会角度受限制，一般应在 30°～120°。

【例 5–3】如图 5–1（b）所示，如何用角度交会法测设该建筑物的位置？

解：（1）根据表 5–1 中 P 点、Q 点、M 点、N 点、乙点、甲点的直角坐标，按公式（5–1）计算乙 M、甲 M 等各边方位角，按公式（5–2）和图 5–3（c）计算夹角α、β，角度交会法所需数据见表 5–2。

表 5–2　角度交会法测设点位

交会角 点名	M	N	P	Q
α	67°09′59″	79°27′39″	18°44′28″	37°31′09″
β	164°48′51″	148°26′18″	139°11′06″	117°05′46″

（2）在甲乙两点同时安置两台经纬仪，后视甲乙、乙甲方向，分别以β、α 测设出两条方向线，其交点即为 M 点，同法交会出其他各点。

（3）用钢尺校核 M、N、P、Q 各点间距和对角线长度或用经纬仪校核∠M、∠N、∠P、∠Q 是否直角。

四、距离交会法

距离交会法是已知待定点和两个控制点间的水平距离，利用钢尺交会出待定点的平面位置的方法。

1. 施测方法及步骤

如图 5–4 所示，已知控制点 A、B 和待放样点 P 坐标。

（1）根据已知坐标计算放样数据：两点间水平距离 D_1、D_2。按公式（5–3）两点间距离公式计算。

（2）用钢尺分别以控制点 A、B 为圆心，以 D_1、D_2 为半径，在地面上画弧，交出 P 点。

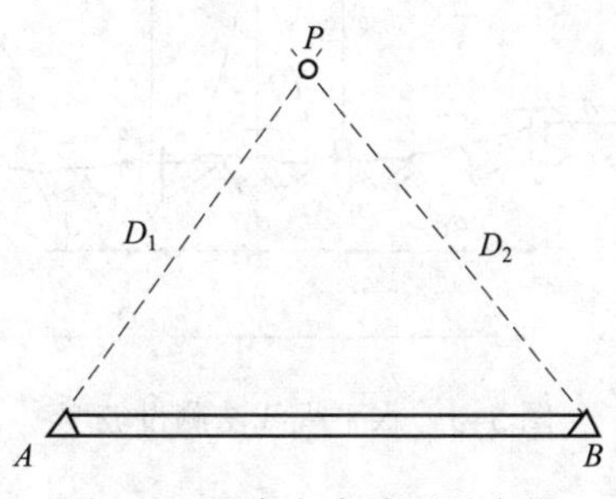

图 5–4　距离交会法测设点位

2. 适用条件

建筑物距定位依据不超过所用钢尺长度，且场地平坦、量距条件较好时，宜选用距离交会法。但此法精度较低，放样细部时常采用。

【例 5–4】如图 5–1（b）所示，如何用距离交会法测设该建筑物的位置？

解　（1）根据表 5–1 中各点的直角坐标，按公式（5–3）计算距离交会法所需数据，见表 5–3。

表 5–3　距离交会法测设点位

点名 \ 控制点	M	N	P	Q
甲	36.266	41.076	14.534	24.150
乙	10.308	21.869	29.568	35.302

（2）用两卷 50 m 长钢尺，分别以甲和乙为起点，以 36.266 m 和 10.308 m 交会出 M 点的位置，同理可交会出其他各点。

（3）校核 M、N、P、Q 各点间距和对角线长度。

第二节　测设坡度线的基本方法

在道路、场地平整等施工中，经常会遇到已知坡度的测设工作。根据施工图已给定坡度和两端点高程及其水平距离，计算出中间点的高程，再用测设已知高程的方法，把各中间点的高程测设出来。坡度线中间的各点可用经纬仪的倾斜视线进行标定；若坡度不大也可用水准仪，即水平视线法和倾斜视线法。

一、水平视线法

如图 5–5 所示，已知 A、B 两点为设计坡度线的两端点，其高程均为已知，分别为 H_A 和 H_B，附近有一水准点 R，高程为 H_R。欲从 A 点到 B 点测设坡度线（坡度 i_{AB}=–1%），其测设步骤如下。

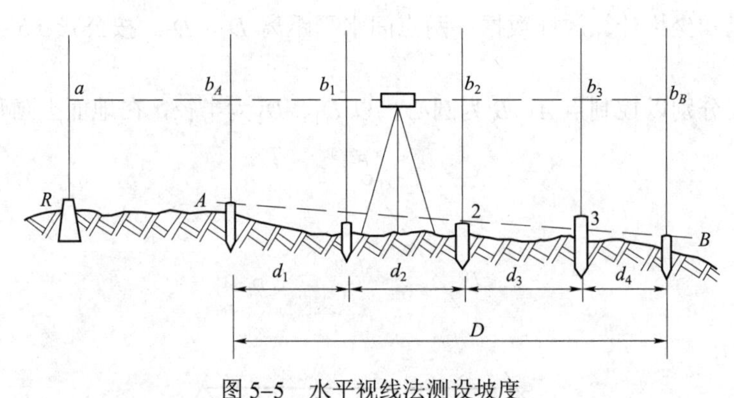

图 5–5　水平视线法测设坡度

（1）在 A、B 两点间按一定的间距在地面上标定出中间点 1、2、3 的位置，打上木桩。

（2）按下式计算各桩点的设计高程。

$$H_{设}=H_{起}+i_{AB}\cdot d \tag{5–4}$$

则 1 点的设计高程为

$$H_1=H_A+i_{AB}\cdot d_1$$

2 点的设计高程为

$$H_2=H_1+i_{AB}\cdot d_2$$

3 点的设计高程为

$$H_3=H_2+i_{AB}\cdot d_3$$

B 点的设计高程为

$$H_B=H_3+i_{AB}\cdot d_4$$

检核：

$$H_B=H_A+i_{AB}\cdot D$$

（3）按测设高程的方法，算出各桩点水准尺的应读数为

$$b_{A应}=H_{视}-H_{设} \tag{5–5}$$

（4）安置水准仪于水准点 R 附近，读取后视读数 a，则水准仪的视线高程为 $H_{视}=H_R+a$。

（5）根据各点的应读数将各桩点设计位置标定在地面上。

二、倾斜视线法

如图 5–6 所示，已知 A、B 两点为已知坡度线的端点，其水平距离为 D，设 A 点的高程为 H_A，要沿 AB 方向测设一条坡度为 i_{AB} 的坡度线，则先计算 B 点的设计高程，即 $H_B=H_A+i_{AB}\cdot D$。

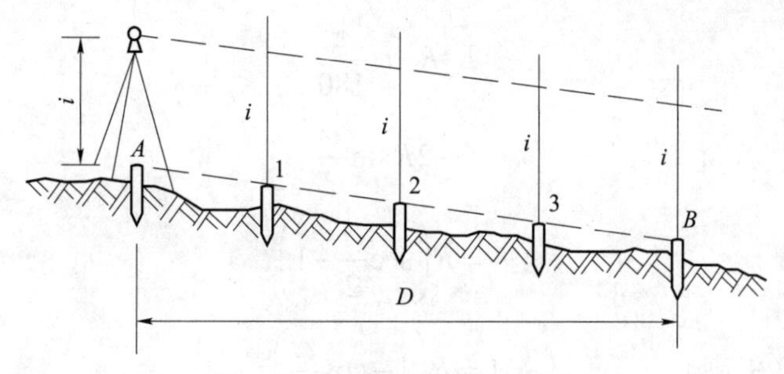

图 5–6　倾斜视线法测设坡度

再按测设已知高程的方法，将 A、B 两高程测设在地面的木桩上，然后将经纬仪安置在 A 点上，并量取仪器高 i，瞄准 B 点的水准尺，使读数为仪器高 i，此时仪器的倾斜视线平行于设计坡度线。随后在 AB 方向的中间按一定间距在地面上标定 1、2、3 点位置。在各中间点上立水准尺，并由观测指挥打桩，使各桩顶读数均为 i，这时各桩顶的连线即为设计坡度线。

第三节　测设圆曲线的基本方法

曲面体是建筑立面形象的要素之一，在大量的民用建筑中多有体现，如平面形状呈椭圆的国家大剧院、国家体育场等。圆曲线的测设通常分两个阶段，首先测设曲线上起控制作用的主点（如起点、终点和中点）；再放出除主点外的若干点，也称为辅点，常用的方法有直角坐标法、极坐标法、角度交会法、距离交会法等。施工中应根据现场的条件及定位依据进行选择。

一、圆曲线测设要素

如图 5–7 所示，圆曲线各部位名称，其中曲线半径（R）是设计给定的数值；两切线的交点（JD）是根据设计条件测设的；转角（α）可用经纬仪实测。

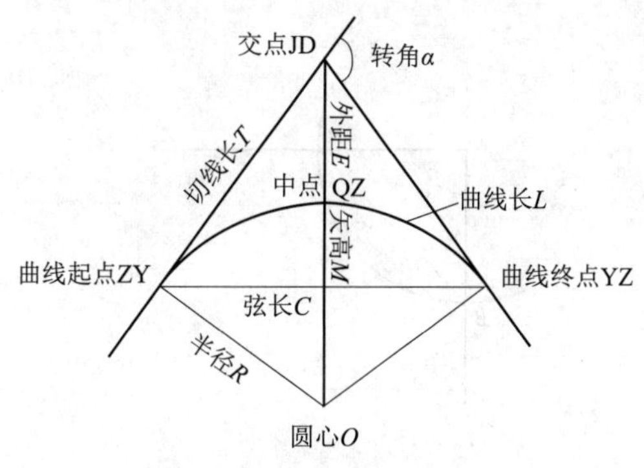

图 5–7　圆曲线各部位名称

当交点（JD）位置确定后，转角（α）和半径（R）即为确定圆曲线的设计要素。曲线主点的位置是根据 α 与 R，计算出下列要素。

（1）切线长

$$T=R\cdot\tan\frac{\alpha}{2} \tag{5–6}$$

（2）曲线长
$$L=R\cdot\alpha\frac{\pi}{180} \quad (5\text{–}7)$$

（3）弦长
$$C=2R\sin\frac{\alpha}{2} \quad (5\text{–}8)$$

（4）外距
$$E=R\left(\sec\frac{\alpha}{2}-1\right) \quad (5\text{–}9)$$

（5）中央纵距（矢高）
$$M=R\left(1-\cos\frac{\alpha}{2}\right) \quad (5\text{–}10)$$

（6）计算校核切线长
$$T=\sqrt{(M+E)^2+\left(\frac{C}{2}\right)^2} \quad (5\text{–}11)$$

二、圆曲线主点的测设

根据建筑场地、设计定位条件不同，常用以下方法。

1. 根据交点（JD）测设

当设计给出的定位条件是两切线方向及其交点时，采用这种方法，见图 5–7。测设时将经纬仪安置在交点（JD）上，先沿两切线方向量切线长（T），分别定出曲线起点（ZY）和终点（YZ）后，用实量弦长（C）做校核。用经纬仪测设出两切线间的分角线方向，并由交点（JD）量外距（E），定出曲线中点（QZ），用实量中央纵距（M）做校核。这种测设方法多用在道路工程中。

2. 根据圆心（*O*）测设

如图 5–8 所示，设计给定圆心 K 点、半径 R 和 K_1 轴方向。测设时由 K 点沿 K_1 轴方向量取半径 R 直接定出圆弧起点 A，然后测设圆心角α定出 K 与 15 轴方向和圆弧终点 B，最后实量 AB 间距，即弦长 C，应等于 $C=2R\sin\frac{\alpha}{2}$。

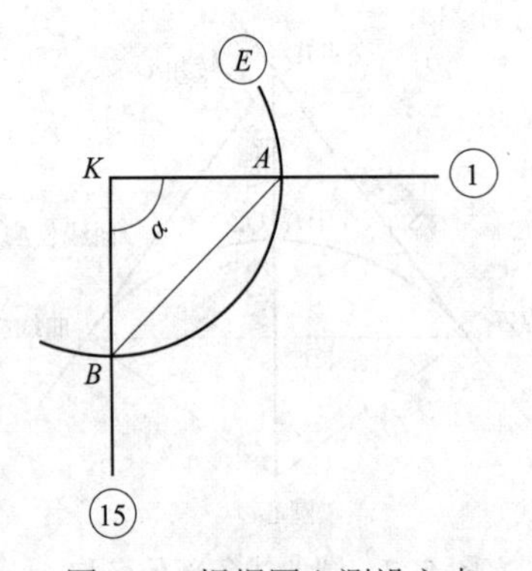

图 5–8　根据圆心测设主点

三、圆曲线辅点测设

一般圆曲线上只测设三个主点不能满足施工要求，应加测曲线辅点。辅点的测设方法有直角坐标法、极坐标法、角度交会法、距离交会法等。下面介绍直角坐标法。

直角坐标法，也称支距法。最常用的是切线直角坐标法，也叫切线支距法。如图 5–9 所示，是以圆曲线起点（ZY）为坐标原点，以切线方向为 y 坐标轴，以过原点的半径方向为 x 坐标轴，建立直角坐标系。根据曲线上 1、2、3、4 等各辅点坐标来测设其位置。

当各辅点间弦长或弧长均相等时，各弧或弦所对圆心角为$\varDelta$，则各辅点坐标（x_i，y_i）：

$$\begin{cases} x_i = R - R\cos i\varDelta = 2R \bullet \sin^2(i\varDelta/2) \\ y_i = R \bullet \sin\varDelta \end{cases} \tag{5-12}$$

当各辅点的坐标算出后，将钢尺的零点刻划对准弦的中点 N 起点（ZY），沿切线方向依次量出 y_1、y_2、y_3、y_4 等，准确定出各垂足点 1′、2′、3′、4′ 等，然后用经纬仪或钢尺（“3–4–5”法）测出各垂线方向，并在其上分别量出 x_1、x_2、x_3、x_4 等，即可定出曲线各辅点点位；最后实量各辅点间距，作为校核。

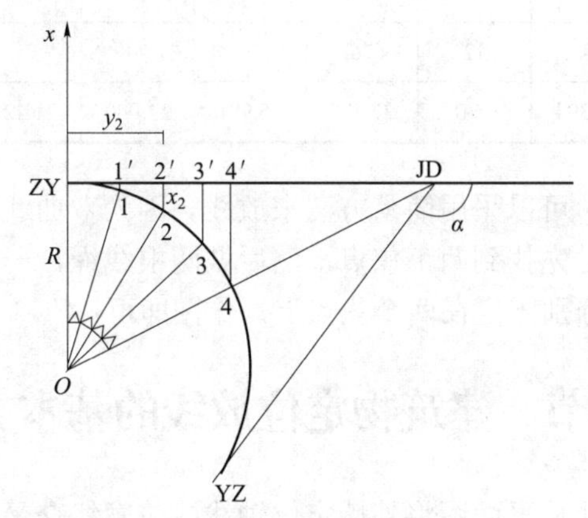

图 5–9　直角坐标法测设曲线辅点

【例 5–5】如图 5–10 所示，某体育馆的平面形状为椭圆形，椭圆的长半轴为 40 m，短半轴为 30 m，试计算直角坐标法放样的测设数据。

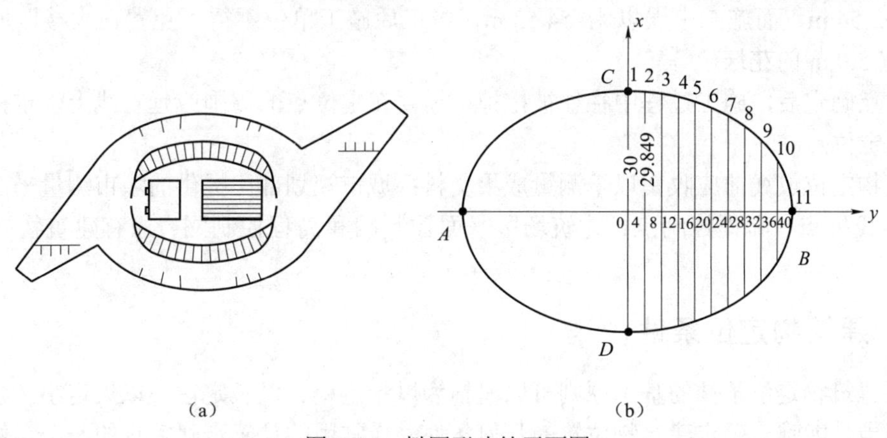

图 5–10　椭圆形建筑平面图

解　（1）建立直角坐标系。分别以椭圆的短轴和长轴为 x、y 坐标轴，以长轴、短轴的交点为原点，建立直角坐标系。若椭圆的短半轴为 a，长半轴为 b，则椭圆上任一点的坐标应满足方程

$$\frac{x^2}{a^2}+\frac{y^2}{b^2}=1$$

即

$$x=\pm\frac{a}{b}\sqrt{b^2-y^2} \tag{5–13}$$

（2）计算各辅点坐标。作直线 y=0，y=±4 m，y=±8 m，…，y=±40 m，得到与椭圆的各等弧分点 1～11，即辅点。将各辅点的横坐标 y 代入式（5–13），得到各点的纵坐标 x，如表 5–4 所示。由于椭圆的对称性，这里只计算第一象限的辅点坐标。

表 5–4　椭圆曲线测设数据

弧分点	1	2	3	4	5	6	7	8	9	10	11
y/m	0	4	8	12	16	20	24	28	32	36	40
x/m	30	29.850	29.394	8.618	27.495	25.981	24.000	21.421	18.000	13.077	0

另外，就双曲线而言，可以采用简易方法来放线。因为双曲线上任意一点到两个焦点的距离之差为一常数。放样时先找到两个焦点，然后做两根线绳，一支长一支短，相差为曲线顶点的距离，两线绳端点分别固定在两个焦点上，作图即可。

第四节　建筑物定位放线的基本方法

建筑物定位是根据设计总平面图将外墙定位轴线或轮廓线交叉点测设到地面上，并以此作为基础测设和细部测设的依据。建筑物定位是施工测量的首要工作，是工程施工成败的关键。例如，某桥梁施工时由于测量控制点有误而未能及时发现，导致定位错误，造成与后开工的主干道衔接不上，道路与其下的各种管线在桥头前强行改线；某政府大楼±0.000 设计高程应为 53.54 m，而施工中误以为 54.53 m，竣工后施工单位不得不免费在大楼四周砌筑高 0.8 m、宽 5.0 m 的花坛，等等。

定位点确定后，施工过程中往往被挖掉，需要在定位点的周围或延长线上确定控制桩，以便恢复定位点。

建筑物定位放线前应收集以下测量成果资料：城市规划部门提供的城市测量平面控制点或建筑红线桩点、高程控制点；建筑场区平面控制网和高程控制网；原有建筑物或道路中心线。

一、建筑物定位条件

选择建筑物定位条件的基本原则可以概括为以精定粗、以长定短、以大定小。建筑物定位条件应当是能唯一确定建筑物位置的几何条件，最常用的是确定建筑物的一个点位与一个边的方向。

（1）当以城市测量控制点或场区平面控制点定位时，应选择精度较高的点位和方向为依据。

（2）当以建筑红线桩点定位时，应选择沿主要街道且较长的建筑红线边为依据，并以较长的已知边测设较短边。

（3）当以原有建筑物或道路中心线定位时，应选择外廓规整且较大的永久性建筑物的长边（或中线）或较长的道路中线为依据，并以较大的建筑物或较长的道路中心线测设较小的建筑物。

建筑物定位放线时起点允许误差为 20 mm，边长相对误差不应大于 1/6 000，且边长误差不应大于 20 mm。

二、建筑物定位放线的基本内容

建筑物定位放线应包括以下工作内容：

① 根据建筑物平面控制网点测设建筑物主轴线控制桩；

② 根据主轴线控制桩测设建筑物角桩；

③ 根据角桩标定基槽（坑）开挖边界灰线等。

在场地条件允许的情况下，对一幢建筑物进行定位放线应按以下步骤进行：校核定位依据桩是否有误或碰动；根据定位依据桩测设建筑物四廓各大角外的控制桩（距基槽边 1～5 m）；在建筑物矩形控制网的四边上，测设建筑物各大角的轴线与各细部轴线的控制桩，也叫引桩或保险桩；以各轴线的控制桩测设建筑物四大角；按基础图及施工方案测设基础开挖线。

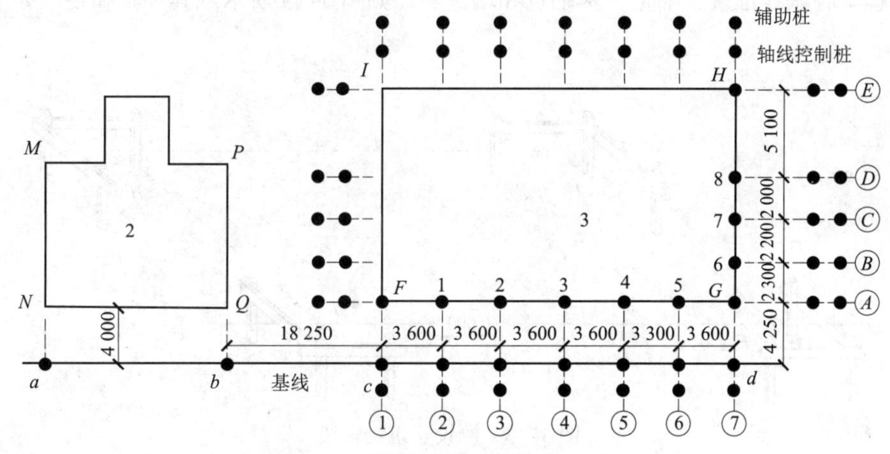

图 5–11　测设略图（单位为 mm）

建筑物的放线，是指根据已定位的外墙轴线交点桩详细测设出建筑物各轴线的交点，然后根据交点桩用白灰撒出开挖边界线。其方法如下。

（一）测设轴线交点桩

如图 5–11 所示，将经纬仪安置在 F 点上，瞄准 G 点，用钢尺沿 FG 方向量出相邻两轴线间的距离，定出 1，2，…，5 各点（也可每隔 1～2 条轴线定一点）。同法可定出 6，7…各点。量距精度应达到 1/2 000～1/5 000。丈量各轴线间距离时，为了避免误差积累，钢尺零端点应始终在一点上。

由于基槽开挖后，角桩和中心桩将被挖掉，为了便于施工中恢复各轴线位置，应把各轴线延长到槽外安全地点，并做好标志。其方法有设置轴线控制桩和龙门板两种。

（二）测设轴线控制桩

如图 5–12（a）所示，将经纬仪安置在角桩 G 上，瞄准另一角桩 A，沿视线方向用钢尺向基槽外侧量取 2～4 m，打入木桩，用小钉在桩顶准确标志出轴线位置，并用砼包裹木桩，如图 5–12（b）所示。大型建筑物放线时，为了确保精度，轴线引桩通常是根据角桩测设的。如有条件也可把轴线引测到周围原有的地物上，并做好标志，以此来代替引桩。

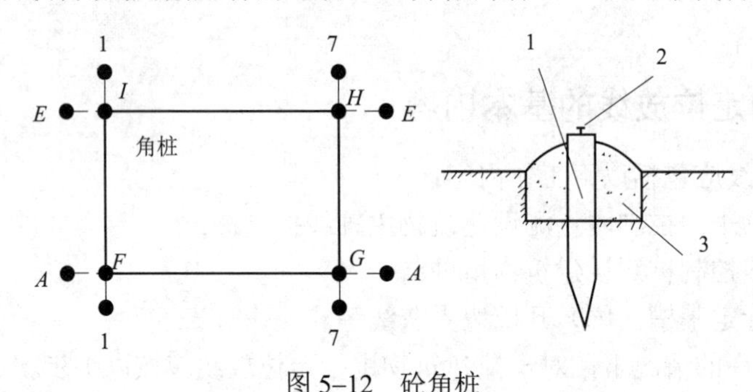

图 5–12　砼角桩

1—轴线控制桩；2—小钉；3—砼

（三）设置龙门板

在小型民用建筑中，为了施工方便，常在基槽开挖线以外一定距离处设置龙门板，控制±0.000 以下的高程、各轴线位置、槽宽、基础宽和墙宽等，如图 5–13 所示。其步骤和要求如下。

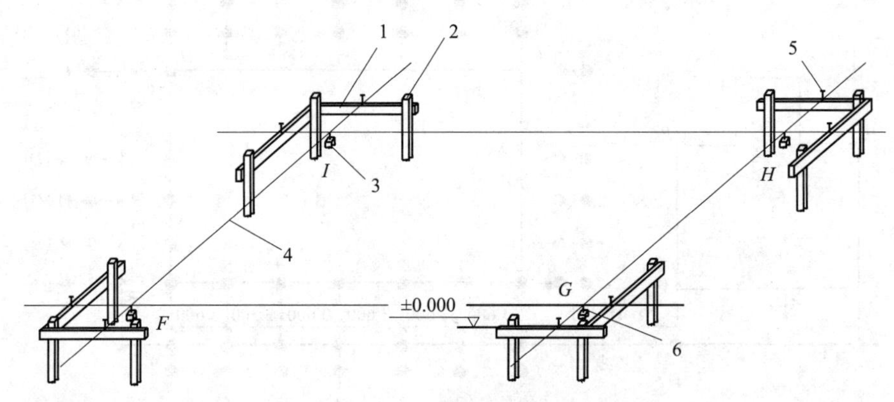

图 5–13　测设建筑物轴线

1—龙门板；2—龙门桩；3—角桩；4—细线；5—小钉；6—垂球

（1）在建筑物四周和中间定位轴线的基槽开挖线以外约 1.5～3 m 处（根据土质和基槽深度而定）设置龙门桩，桩要钉得竖直、牢固，桩面应与基槽平行。

（2）根据场地内水准点高程，用水准仪将±0.000 标高测设到每一个龙门桩侧面上，用红笔画一横线。

（3）沿龙门桩上测设的±0.000 线钉设龙门板，使板的上缘恰好为±0.000。若现场条件不允许，也可测设比±0.000 高或低一整数的高程，测设龙门板的高程允许误差为±5 mm。

（4）将经纬仪安置在 F 点，瞄准 G 点，沿视线方向在 G 点附近的龙门板上定出一点，钉上小钉标志（也称轴线钉）。倒转望远镜，沿视线在 F 点附近的龙门板上钉一小钉。同理，可将各轴线引测到相应的龙门板上。引测轴线点的误差应小于±5 mm。如果建筑物较小，则可用垂球对准桩点，然后紧贴两垂球线拉紧线绳，把轴线延长并标钉在龙门板上。

（5）用钢尺沿龙门板顶面检查轴线钉之间的距离，其精度应达到 1/2 000～1/5 000。经检查合格后，以轴线钉为准，将墙边线、基础边线、基槽开挖线等标定在龙门板上。标定基槽上口开挖宽度时，应按有关规定考虑放坡的尺寸要求。

根据龙门板上标定的基槽开挖边界标志拉直线绳，并沿此线撒出白灰线，施工时按此线进行开挖。

三、建筑物定位验线的要点

定位验线时除了验建筑物自身几何尺寸外，应特别注意验定位依据与定位条件。

（1）验定位依据桩位置是否正确，有无碰动。

（2）验定位条件的几何尺寸。

（3）验建筑物矩形控制网与控制桩的点位是否准确、桩位是否牢固。

（4）验建筑物外廓轴线间距及主要轴线间距。

（5）经施工单位自检定位验线合格后，按有关规定申请验线。经批准后方可施工。

教学小结

● 点的平面位置测设方法有极坐标法、直角坐标法、角度交会法、距离交会法；放样方法一般根据施工现场控制网形式、控制点分布情况、地形情况、现场条件及放样精度要求等来选择。

● 直角坐标法是根据直角坐标原理放样地面点的平面位置。它适用于待放样点靠近控制网的边线，且量距方便。

● 极坐标法是根据已知水平角和已知水平距离放样地面点的平面位置。它适用于量距方便，且欲测设点距控制点较近的地方。

● 角度交会法是根据前方交会法的原理，已知两个水平角的方向，用经纬仪从两个控制点分别放样交会出点的平面位置。它适用于待放样点离控制点较远或量距较困难的地方。

● 距离交会法是根据两段已知水平距离交会出地面点的平面位置。此法适于场地平坦，量距方便，且控制点离测设点不超过一尺段长时使用。

● 已知坡度线的测设是根据现场附近水准点的高程、设计坡度和坡度端点的设计高程等，用高程测设方法在连续测设一系列的坡度桩，使各桩顶构成已知坡度。测设的方法通常采用水平视线法和倾斜视线法。

● 选择建筑物定位条件的基本原则可以概括为以精定粗、以长定短、以大定小。

● 圆曲线主点有起点 ZY、中点 QZ、终点 YZ；设计要素是转角 α 与半径 R；测设要素包括切线长、曲线长、弦长、外距、中央纵距（矢高）。

思考题与习题

1. 点的平面位置测设方法有哪几种？各适用于什么场合？各需要哪些测设数据？
2. 建筑物定位的基本方法有哪几类？

3. 建筑物定位放线的基本步骤是什么？

4. 建筑物定位验线的要点有哪些？

5.《建筑施工测量技术规程》中规定：建筑物定位的条件，应当是____条件，最常用的定位条件是____。当以____定位时，应____；当以____条定位时，应____；当以____定位时，应____，并以____。测设点位的常用方法有____法、____法、____法、____法等。

6. 已知直线 AB 的方位角 $\alpha_{AB}=300°\ 04'\ 00''$；$A$、$P$ 两点的坐标分别为 $x_A=14.22$ m，$y_A=86.71$ m，$x_P=42.34$ m，$y_P=85.00$ m。现将仪器安置在 A 点，用极坐标法测设 P 点，计算所需数据并说明测设步骤。

7. 已知 A 点、B 点为控制点，其坐标分别为 $x_A=550.450$ m，$y_A=600.365$ m，$x_B=462.315$ m，$y_B=802.640$ m。P 为待测设点，其设计坐标为 $x_P=762.315$ m，$y_p=802.640$ m。现拟用角度交会法测设 P 点，试计算测设数据？

8. 已知水准点 R 的高程 $H_R=34.466$ m，后视读数 $a=1.614$ m，设计坡度线起点 A 的高程 $H_A=35.000$ m，设计坡度为 $i=+1.2\%$，拟用水准仪按水平视线法测设距 A 点 20 m、40 m 的两个桩点，使各桩顶在同一坡度线上。试计算测设时各桩顶的尺读数应为多少？

9. 如图 5–14 所示，A 点、B 点、C 点为建筑红线桩，$MNPQ$ 为拟建建筑物，G 为古树中心，定位条件：$MN/\!/AB$，G 至 PQ 垂距为 10.00 m，N 点在 BC 线上。施工现场通视、可量，叙述建筑物定位步骤。

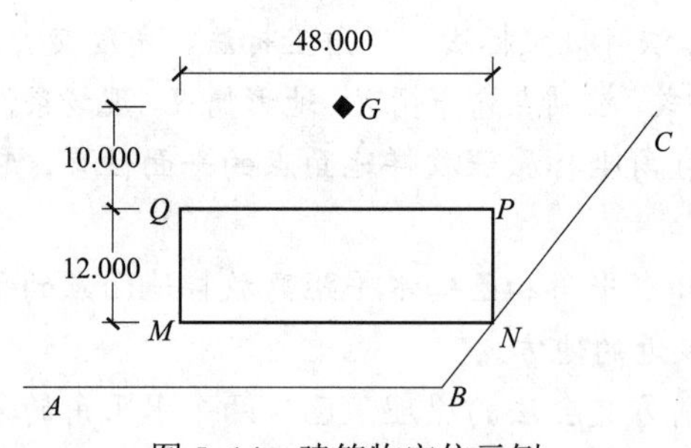

图 5–14　建筑物定位示例

（1）用小线、钢尺与线坠如何放线？

（2）用全站仪或经纬仪与钢尺如何放线？

10. 如图 5–15 所示，A 点、B 点、C 点为建筑红线桩，现以 A 点、B 点为依据，用极坐标法检测建筑物 M 点位，根据 A 点、B 点、M 点坐标计算检测所需数据，并填入表 5–5 中。

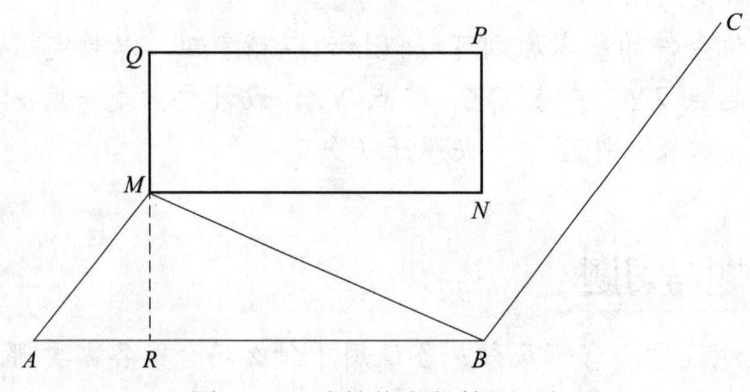

图 5–15　建筑物定位检测示例

表 5–5　习题 10

点	横坐标 y	Δy	纵坐标 x	Δx	距离 D	方位角 α	左角 β
A	6 574.581		4 419.719				
B	6 698.599		4 430.621				
M	6 620.000		4 460.500				
A	6 574.581		4 419.719				
Σ		$\Sigma\Delta y$		$\Sigma\Delta x$			

11. 若图 5–15 中 AM、BM 均不通视，只能由 A 点、B 点用直角坐标法检测 M 点，计算检测所需数据。

（1）在直角三角形 RtΔARM 中，AR=？RM=？

（2）在直角三角形 RtΔBRM 中，BR=？RM=？

12. 如何在原点上测设 $y^2+x^2+4y^2-8x-16=0$ 圆周上最南、最北、最东、最西及圆心点的位置。

13. 将经纬仪安置在交点 JD 上，如何用极坐标法测设圆曲线辅点？

14. 举例说明测设圆曲线主点（起点 ZY、中点 QZ、终点 YZ）的步骤。

第六章

施 工 测 量

房屋建筑是指提供人们生活、学习、工作、娱乐等场所的住宅楼、办公楼、食堂、俱乐部、医院和宾馆等建筑物。房屋建筑施工测量的基本任务是按照设计要求，把建筑物的位置标定到地面上，配合施工完成建造的过程，是施工组织设计的重要内容之一。

为了保证建筑物的相对位置及内部尺寸满足设计要求，施工测量必须遵循“从整体到局部，先控制后碎部”的原则，即首先在施工现场内以原有设计阶段所建立的控制网为基础，建立统一的施工控制网，然后根据施工控制网测设建筑物的主轴线，再根据主轴线测设建筑物的细部。

施工测量是引导工程顺利进行的控制性工作，施工测量方案的编制是预控质量、全面指导测量放线工作的依据。

第一节　施工测量准备工作

施工测量准备工作是保证施工测量全过程顺利进行的基础环节，是事关工程质量和施工组织进度的重要步骤。准备工作的主要目的是要了解工程总体情况，包括工程规模、设计意图、现场情况及施工安排等；取得正确的测量起始依据，包括设计图纸的校核、测量依据点位的校测、仪器和钢尺的检定与检校；制定切实可行的施测方案；按施工场地总平面布置图的要求进行场地平整、施工暂设工程的测设等。

一、钢尺检定与仪器检校

水准仪、经纬仪、测距仪与全站仪、钢尺要求按期送检，必须送授权计量检测单位检定。此外，每季度应进行以下项目的检校：

（1）经纬仪：水准管轴垂直于竖轴；视准轴垂直于横轴；横轴垂直于竖轴；光学对中器。

（2）水准仪：圆水准器轴平行于竖轴；视准轴不水平的检校。

二、了解设计意图，熟悉、校核施工图

从图纸中建筑设计说明与结构设计说明部分首先了解工程全貌和主要设计意图，以及对施工测量的要求，然后熟悉与放样有关的建筑总平面图、建筑施工图和结构施工图，并校核相关尺寸。

总平面图的校核，包括建设用地红线桩点坐标与角度、距离是否对应；设计建筑物与原有建筑物或测量控制点之间的平面尺寸和高差是否明确；建筑物的四廓边界尺寸是否交圈；各幢建筑物首层室内地面设计高程、室外设计高程及有关坡度是否对应等，作为测设建筑物总体位置的依据。

建筑施工图的校核，建筑物各轴线间距、夹角及几何关系是否交圈；建筑物的平面图、立面图、剖面图与详图相关尺寸是否对应；建筑平面图与总平面图中相关部分是否对应；地坪、门窗、楼板层、屋面等设计高程有无矛盾，作为施工放样的基本资料。

结构施工图的校核，以定位轴线为准，核对基础、墙柱、梁、板之间的轴线关系是否一致；核对轴线尺寸、层高、结构尺寸（如墙厚、柱断面、梁断面等，跨度、楼板厚等）是否合理；对照建筑施工图，核对相关部位的轴线、尺寸、高程是否对应等，作为构件平面位置与标高位置测设的依据。

设备施工图的校核，对照建筑施工图、结构施工图核对有关设备的轴线尺寸及高程是否对应；核对设备基础、预留孔洞、预埋件位置、尺寸、高程是否与土建图一致。

1. 校核定位依据与定位条件

建筑物的定位依据一般有三种情况：① 城市规划部门给定的城市测量平面控制点，多用于大型新建工程或小区建设工程，精度均较高，但使用前要校测，以防用错点位；② 城市规划部门给定的建筑红线，多用于一般新建工程，当以建筑红线定位时应选择沿主要街道的建筑红线为依据，并以较长的已知边测设较短边；③ 原有永久性建筑物或道路中心线，多用于改建、扩建工程。

建筑物定位条件应是能唯一确定建筑物位置的几何条件，常用的定位条件是：确定建筑物上的一个主要点的点位和一个主要轴线或主要边的方向。这两个条件缺一不可。

当定位依据与定位条件有矛盾时，应及时向设计单位提出，求得合理解决，施工方无权自行处理。

如图 6–1 所示，为某研究所新建宿舍楼的定位图，其中 2 号建筑物为原有砖混结构办公楼，3 号为新建宿舍楼。图纸要求 3 号楼与 2 号楼的南墙面在一条直线上，3 号楼与 2 号楼相邻墙面距离为 18 m。这个定位图的定位依据是永久性的建筑物，是正确的；定位条件是一个边的方向和一个点的点位，没有矛盾的多余要求，是可行的。

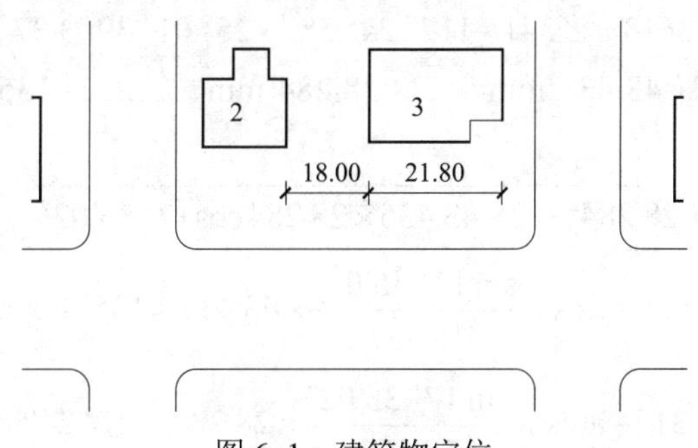

图 6–1　建筑物定位

2. 校核建筑物外廓尺寸是否交圈

建筑物平面形状为矩形，主要核算纵向、横向两对边尺寸是否相等，有关轴线关系是否对应；平面形状为梯形，主要核算梯形斜边与高的比值是否与底角或顶角相对应；平面形状为多边形，要分别核算内角和条件与边长条件是否满足。

【例 6–1】图 6–2 所示为四边形平面的边长与各内角值，核算是否交圈。

解 采用划分三角形法，选择有两个长边的顶点为极，将四边形划分为两个三角形，先从最长边一侧的三角形开始，依次计算各三角形至另一侧。当最后一个三角形求得的边长及夹角与已知值相等时，则此多边形四廓尺寸交圈。

（1）核算四边形内角和。

$$\Sigma\beta_{理}=(4-2)\times180°=360°00'00''$$

$$\Sigma\beta_{已}=135°00'00''+135°00'00''+37°33'23''+52°26'37''=360°00'00''$$

$\Sigma\beta_{理}=\Sigma\beta_{已}$，说明内角和条件满足。

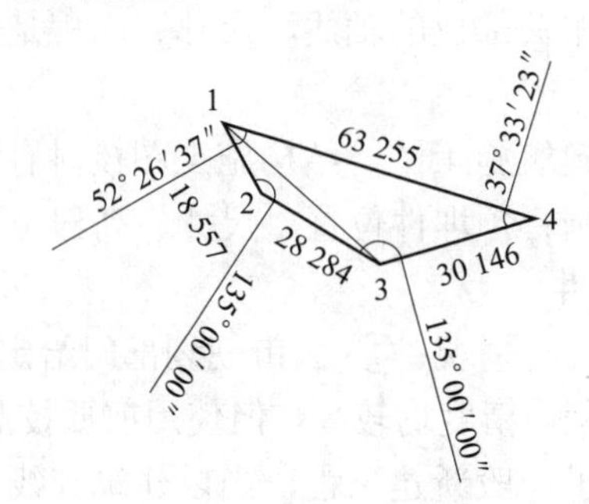

图 6–2 四边形交圈核算

（2）核算边长是否交圈。

选 1 点为极，划分为△134 和△123 两个三角形，按以下次序核算。

① 解△134，已知 $\overline{14}$=63 255 mm、$\overline{34}$=30 146 mm、∠341=37°33′23″，则

$$\overline{13}=\sqrt{63\,255^2+30\,146^2-2\times63\,255\times30\,146\cos37°33'23''}=43\,435\text{（mm）}$$

$$\angle134=\arcsin\frac{\sin37°33'23''}{43\,435}\times63\,255=117°24'58''$$

$$\angle413=\arcsin\frac{\sin37°33'23''}{43\,435}\times30\,146=25°01'39''$$

计算校核：∠134+∠413+∠341=117°24′58″+25°01′39″+37°33′23″=180°00′00″

② 解△123，已知 $\overline{13}$=43 435 mm、$\overline{23}$=28 284 mm、∠231=135°00′00″−117°24′58″=17°35′02″，则

$$\overline{12}=\sqrt{43\,435^2+28\,284^2-2\times43\,435\times28\,284\cos17°35'02''}=18\,557\text{（mm）}$$

$$\angle123=\arcsin\frac{\sin17°35'02''}{18\,557}\times43\,435=135°00'00''$$

$$\angle312=\arcsin\frac{\sin17°35'02''}{18\,557}\times28\,284=27°24'58''$$

计算校核：∠231+∠123+∠312=17°35′02″+135°00′00″+27°24′58″=180°00′00″

∠412=∠413+∠312=25°01′39″+27°24′58″=52°26′37″

由于推算出的 12 边长与已知值一致，且两个三角形在 1 点处的各顶角之和恰好等于已知

值，说明该四边形四廓边长尺寸交圈。

三、现场踏勘，并校核平面控制点和水准点

踏勘是测量外业工作的基础，是对现场地物、地貌以及控制点的分布等客观条件和环境的调查，掌握第一手资料和直观认知，并做好记录。通常需了解设计总平面图是否与现有的地物、地貌一致，为控制网图上设计做准备；了解水准点、平面控制点位置及标石现状，决定有无利用价值；了解测区内植被覆盖、施工难点和有利条件等与施工测量有关的问题。

校核平面控制点和水准点是为了取得正确的测量起始数据和点位。

核算总平面图上平面控制点的坐标与其边长、夹角是否对应。校测红线桩，当相邻红线桩（数量不少于 3 个）通视且能量距时，实测各边边长及各点左夹角，与设计值比较做校核；当相邻红线桩不通视时，则根据附近的城市导线点采用附合导线或闭合导线测定红线桩的坐标值做校核；当相邻红线桩互不通视，且附近又没有城市导线点时，则根据现场情况选择一个与两红线桩均通视、可量的点位，组成三角形，测量三角形的夹角与两相邻边，然后用余弦定理计算对边（红线）边长，与设计值比较做校核。

实地检测水准点（数量不少于 2 个）的高程，用附合测法校测的允许闭合差为$\pm 6\sqrt{n}$ mm（n 为测站数）；若建设单位只提供一个水准点或高程依据点，则必须出具确认证明。

四、制定测量放线方案

在识读与审核设计图纸的基础上，参加设计交底、图纸会审，了解工程性质、规模与特点，了解甲方、设计与监理各方对测量放线的要求。

了解施工安排，包括施工准备、场地总体布置、施工方案、施工段的划分、开工顺序与进度安排等，了解各道工序对测量放线的要求，了解施工技术与测量放线、验线工作的管理体系。

了解现场情况，包括原有建筑物，尤其是各种地下管线与建筑物情况，施工对附近原有建筑物的影响，是否需要监测等。

总之，根据设计要求、定位条件、现场地形和施工方案等因素，按照《施工测量技术规程》与《质量管理和质量保证标准》制定切实可行又能预控质量的施工测量方案。施工测量方案的内容及编制实例见附录 C。

五、必要的测量坐标和建筑坐标换算

房屋建筑工程的总平面图设计或局部设计都是在原有地形图上进行规划布置的，而地形图测绘时都是使用测量坐标系，即 X、Y 坐标系。为了设计方便，通常建立假定的局部坐标系，即施工坐标系求算建筑基线或建筑方格网的坐标，以便使所有建筑物的设计坐标均为正值，且坐标纵轴和横轴与主要建筑物的轴线平行或垂直。施工坐标系也称为建筑坐标系，即 A、B 坐标系。这样在总平面图上就出现了两种不同的坐标系，因此施工测量前常常需要进行施工坐标系与测量坐标系的换算，一般有传统的解析几何坐标变换方法和函数型计算器坐标正反算变换方法。

如图 6–3 所示，待放样点 P 在施工坐标系 AQB 中的坐标为（A_P，B_P），在测量坐标系 xOy 中的坐标为（x_P，y_P），建筑坐标系的纵轴 A 轴在测量坐标系中的坐标方位角为α，施工坐标

系的坐标原点 Q 在测量坐标系中的坐标为（x_Q，y_Q）。坐标换算的要素 x_Q，y_Q，α 一般由设计单位给出。

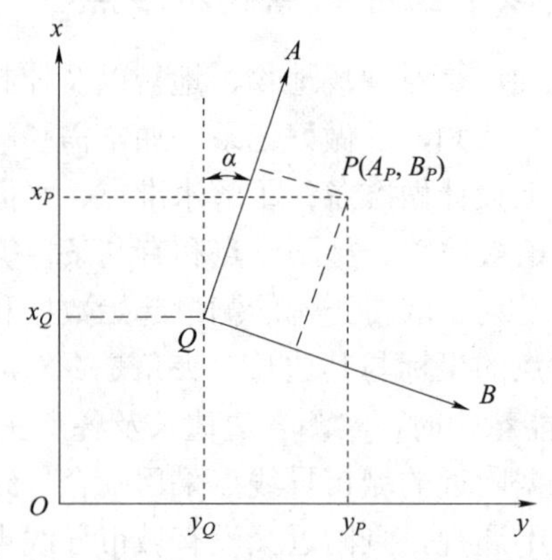

图 6–3　施工坐标系与测量坐标系换算

（1）已知 P 点施工坐标（A_P，B_P），计算 P 点测量坐标（x_P，y_P）的公式：

$$\left.\begin{aligned} x_P &= x_Q + A_P\cos\alpha - B_P\sin\alpha \\ y_P &= y_Q + A_P\sin\alpha + B_P\cos\alpha \end{aligned}\right\} \tag{6–1}$$

（2）已知 P 点测量坐标（x_P，y_P），计算 P 点施工坐标（A_P，B_P）的公式：

$$\left.\begin{aligned} A_P &= (x_P - x_Q)\cos\alpha + (y_P - y_Q)\sin\alpha \\ B_P &= -(x_P - x_Q)\sin\alpha + (y_P - y_Q)\cos\alpha \end{aligned}\right\} \tag{6–2}$$

为了施工定位方便，在规划将红线角桩或建筑物角桩交点后施工单位要另外进行引点。

第二节　控 制 测 量

在勘测设计阶段，虽然为测图的需要已经布设有控制网，但控制点的点位是根据地形条件来确定的，并未考虑建筑物的总体布置，因而点位的分布与密度远不能满足施工测量的要求。同时施工现场平整场地时进行土方填挖，使原来布置的控制点又遭到破坏；在测量精度上，测图控制网的精度是按测图比例尺的大小确定，而施工控制网的精度则要根据工程建设的性质来决定，通常要高于测图控制网。因此，为保证工程建设质量，施工前必须以测图控制点为定向条件重新建立施工控制网。

施工控制网分为平面控制网和高程控制网，是整个场地内建筑物平面定位和高程定位的依据，是保证整个施工测量精度与分区、分期施工相互衔接的基础，因此控制网的选择、测定及桩位保护等应与施工方案、场地布置统一考虑确定。

一、平面控制网测设

施工平面控制网的布设，应根据设计定位依据、定位条件、建筑物形状与轴线尺寸及施工方案、现场情况等综合确定。控制网应在场地内均匀分布，控制线间距以 30～50 m 为宜，包括作为定位依据的起始点与起始边、建筑物主点、主轴线，弧形建筑物的圆心点（或其他几何中心点）和直径方向（或切线方向）；为便于使用，要尽量组成与建筑物外廓平行的闭合图形，便于控制网自身闭合校核；控制桩之间应通视、便于量距，桩顶面应略低于场地设计高程，桩底低于冰冻层，便于长期保留。

大量的工程实践说明，一般场地平面控制网分为两级是合适的，如住宅小区、学校、办公楼等民用建筑工程采用边长相对误差 1/10 000、测角中误差±20″；钢结构与一般大型公共建筑工程采用边长相对误差 1/20 000、测角中误差±10″均能满足工程需要。高层建筑场地平面控制网测量允许偏差应符合表 6–1 的规定。

表 6–1　场地平面控制网允许偏差

等级	适用范围	边长/m	测角允许偏差/（″）	边长相对允许偏差
一级	重要高层建筑	100～300	±15	1/15 000
二级	一般高层建筑	50～200	±20	1/10 000

场地平面控制网的形状，应以适合和满足整个场地建筑物测设的需要，常用的有矩形网、多边形网、主轴线网三种。

平面控制网应以设计指定的一个定位依据点与一条定位方向边为准进行测设。

（一）建筑基线测设

建筑基线是建筑场地的施工控制基准线，是在场地中央测设的一条长轴线或若干条与其垂直的短轴线。建筑基线的测设方法，根据场地条件不同，主要有以下两种。

1. 根据建筑红线或中线测设

建筑红线是建筑用地的界线，由城市测绘部门测定，可作为建筑基线放样的依据。如图 6–4 所示，*AB*、*AC* 是建筑红线，从 *A* 点沿 *AB* 方向测量 D_{AP} 定出 *P* 点，沿 *AC* 方向测量 D_{AQ} 定出 *Q* 点。通过 *B* 点作红线 *AB* 的垂线，量取距离 D_{AQ} 得到 2 点，并用木桩标定下来；通过 *C* 点作红线 *AC* 的垂线，并量取距离 D_{AP} 标定出 3 点；用细线拉出直线 *P*3 和 *Q*2，两直线相交得到 1 点，并用木桩标定。也可分别安置经纬仪于 *P*、*Q* 两点，交会出 1 点。则 1 点、2 点、3 点即为建筑基线点。将经纬仪安置于 1 点，检测∠312 是否为直角，误差不应超过±20″，否则应进行点位调整。

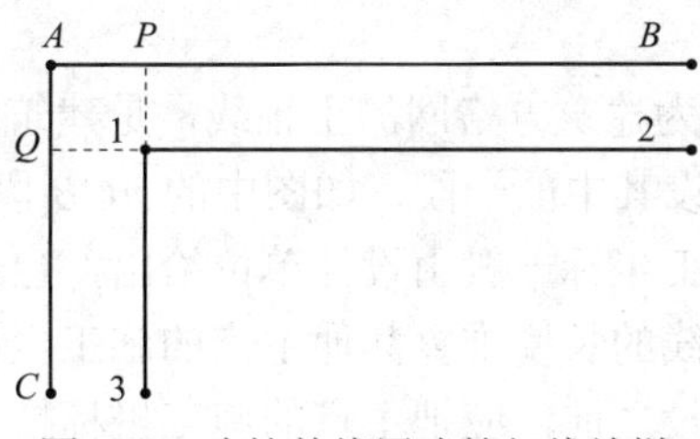

图 6–4　建筑基线用建筑红线放样

2. 利用测量控制点放样

如果设计给定建筑基线点和附近已有测量控制点的坐标，可按照极坐标放样方法计算出放样数据（β 和 *D*），然后进行放样。

以“一”字形建筑基线为例，如图 6–5 所示，*A*、*B* 为附近已有的测量控制点，1 点、2 点、3 点为选定的建筑基线点。

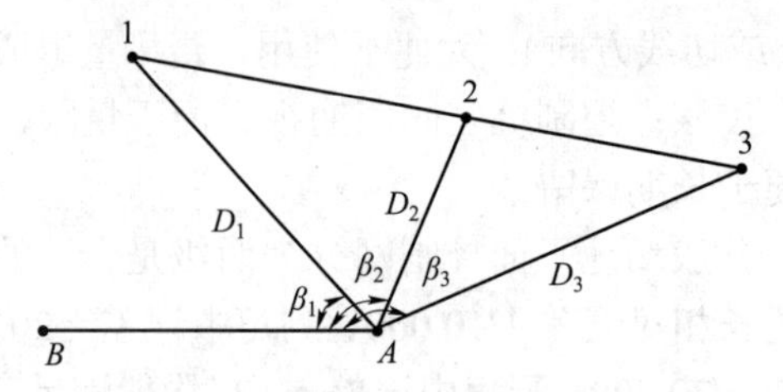

图 6–5 利用测量控制点放样建筑基线

首先利用已知坐标反算放样数据β_1、β_2、β_3和D_1、D_2、D_3，然后用经纬仪和钢尺按极坐标法放样 1 点、2 点和 3 点。由于测量误差不可避免，放样的基线点往往不在同一直线上，且点与点之间的距离与设计值也不可能完全相符，因此需要精确测出已放样直线的折角β'和距离D'（如图 6–6 中 12 边、23 边的边长a和b），并与设计值比较。若$\Delta\beta=\beta'-180°$超出误差允许范围，则应对 1′ 点、2′ 点、3′ 点在横向进行等量调整。调整量按下式计算：

$$\delta=\frac{ab}{a+b}\cdot\frac{\Delta\beta}{2\rho} \tag{6–3}$$

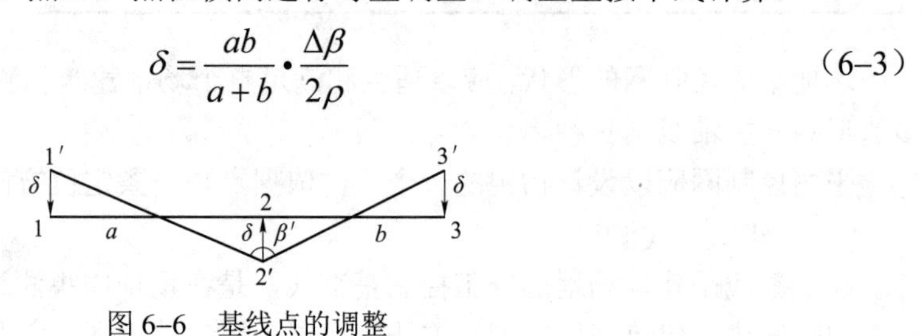

图 6–6 基线点的调整

（二）建筑方格网测设

在大中型建筑场地上，由正方形或矩形组成的施工控制网，称为建筑方格网，可作为场地平面控制网的首级控制，或只控制建筑物控制网的起始点与起始方向。

场地平面控制网的坐标系统应与工程设计所采用的坐标系统一致，不一致时应进行坐标换算统一到工程设计总图所采用的坐标系。

场地平面控制网应根据设计总平面图与施工现场总平面布置图综合考虑网形与控制点位的布设，一般采取方格网、导线网和三角网为主。控制点应选在通视良好、土质坚固、便于施测又能长期（至少施工期间）保留的地方。

1. 主轴线测设

如图 6–7 所示，*MN*、*CD* 为建筑方格网的主轴线，是建筑方格网扩展的基础。当场区很大时，主轴线很长，一般只测设其中的一段，如图中的 *AOB* 段。*A* 点、*B* 点、*O* 点是主轴线的定位点，称主点。主点的施工坐标一般由设计单位给出，也可在总平面图上用图解法求得一点的施工坐标后，再按主轴线的长度推算其他主点的施工坐标。当施工坐标系与测量坐标系不一致时，在施工方格网测设之前，应把主点的施工坐标换算成为测量坐标，以便求得测设数据。

如图 6–8 所示，测设方格网主轴线 *AOB* 方法与建筑基线测设方法相同，但$\angle AOB$与 180°的差值应满足限差要求，若超过限差，应进行调整直到误差在容许范围内为止。三个主点测设好后，将经纬仪安置在 *O* 点，瞄准 *A* 点，分别向左、向右转 90°，测设另一主轴线 *COD*，同样用混凝土桩在地上定出其概略位置 C' 和 D'。然后精确测出$\angle AOC'$和$\angle AOD'$，分别算出它们与 90° 之差 ε_1 和 ε_2，并计算出调整值 l_1 和 l_2，计算公式为：

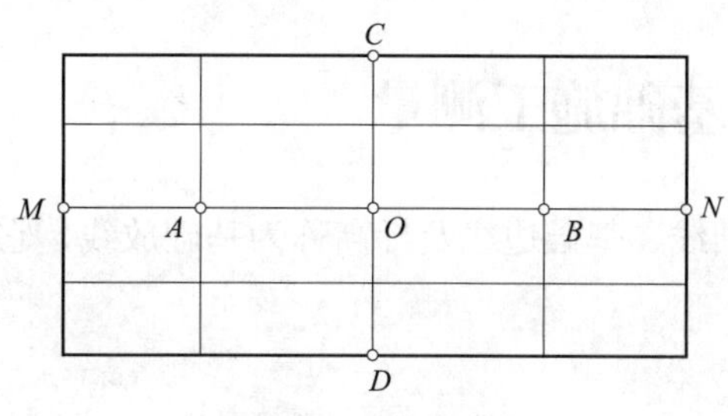

图 6–7　建筑方格网主轴线

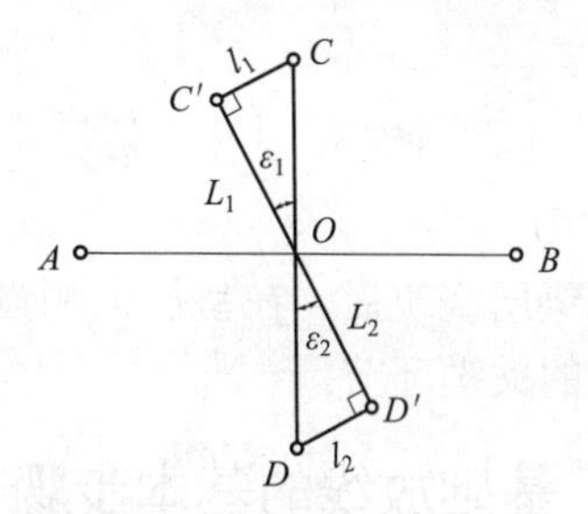

图 6–8　主轴线主点的调整

$$l = L\frac{\varepsilon''}{\rho''} \qquad (6\text{–}4)$$

式中，L 为 OC' 或 OD' 的长度。

将 C' 沿垂直于 OC' 方向移动 l_1 距离得 C 点；将 D' 沿垂直于 OD' 方向移动 l_2 距离得 D 点。点位改正后，应检查两主轴线的交角及主点间距离，均应在规定限差之内。

2. 方格网点测设

主轴线测设好后，分别在主轴线端点安置经纬仪，精确测设出 90° 方向，交汇出“田”字形方格网的顶点。为了进行校核，还要在方格网顶点上安置经纬仪测量其角值，检查是否为 90°，并测量各相邻点间的距离，与设计值比较，保证误差均在允许范围内。然后再以基本方格网点为基础，加密方格网中其余各点。

平面控制点或建筑红线桩点是建筑物定位的依据，使用前应进行内业验算与外业检测，定位依据桩点数量不应少于三个。检测红线桩的允许误差：角度误差±60″，边长相对误差 1/2 500，点位误差±50 mm。

二、高程控制网

建筑场地的控制测量必须与国家高程控制系统相联系，以便建立统一的高程系统。在一般情况下，施工场地平面控制点也可兼作高程控制点。国家三等或四等水准测量常作为场区的首级高程控制。

高程控制测量一般均采用水准测法，也可用光电三角高程测法。根据设计给定的水准点，用附合测法或结点测法将已知高程引测到场地内，联测各建筑物高程控制点或±0.000 水平线后，附合到另一指定水准点。当精度合格后，应按测站数成正比例分配误差。

在整个场地内各主要建筑物附近设置 2～3 个高程控制点，或±0.000 水平线；相邻点间距 100 m 左右，并构成闭合的控制网。高差闭合差容许值为$\pm 6\sqrt{n}$ mm 或$\pm 20\sqrt{L}$ mm（式中，L 为路线长度，以“km”计；n 为测站数）。

城市规划部门提供的水准点是确定建筑物高程的基本依据，水准点数量不应少于两个，使用前应按附合水准路线进行检测，允许闭合差为$\pm 10\sqrt{n}$ mm（n 为测站数）；若建设单位只提供一个水准点（应尽量避免这种情况），则应采用往返测法或闭合测法做校核，且施测前应请建设单位对水准点点位和高程数据做严格审核并出示书面资料。

工期较长的工程，场地高程控制网每年应复测两次，一次在春季解冻后，一次在雨期后。

第三节　基础施工测量

基础垫层浇筑后，在垫层上测设定位轴线、基础边线及标高称为基础放线，它是确定建筑物位置的关键环节。

一、基础放线的基本步骤

（1）校核轴线控制桩位置是否正确、有无碰动。

（2）在控制桩上用经纬仪将建筑物外廓主轴线投测到垫层上，并进行闭合校测。

（3）测设细部轴线。

（4）根据基础施工图，以各轴线为准，用墨线弹出基础施工所需的边界线、墙宽线、柱位线、垫层顶面高程等。

根据《高层建筑混凝土结构技术规程》（JGJ 3—2010）、《工程测量规范》（GB 50026—2007），基础放线尺寸允许偏差应符合表 6–2 的规定。轴线的对角线尺寸的允许误差为边长误差的 $\sqrt{2}$ 倍；外廓轴线夹角的允许误差为±1′。

对于钢结构建筑，应根据《钢结构工程施工质量验收规范》（GB 50205—2001）中规定：建筑物定位轴线四廓边长精度应为 1/20 000，且不应大于 3.0 mm，基础上柱的定位轴线允许偏差为 1.0 mm，地脚螺栓位移允许偏差为 2.0 mm。

二、基础验线要点

（1）验基槽外的轴线控制桩有无碰动、位置是否正确。

（2）验外廓主轴线的投测位置，误差应符合表 6–2 的要求。

（3）验各细部轴线的相对位置。

（4）验垫层顶面与电梯井、集水坑的高程。

表 6–2　基础放线尺寸允许偏差

长度 L、宽度 B 的尺寸/m	允许误差/mm
L（B）≤30	±5
30<L（B）≤60	±10
60<L（B）≤90	±15
90<L（B）	±20

三、基础施工中标高的测设

1. 挖槽深度控制

建筑物轴线放样完毕后，按照基础平面图上的设计尺寸，在地面上放出白灰线，然后沿白灰线开挖基槽。基槽开挖后应及时测设水平标志，作为控制挖槽深度的依据。

根据施工方法不同，水平标志的测设方法也有所差别。当人工挖槽接近槽底设计标高时，用水准仪根据地面上±0.000 m 标高点在槽壁上测设水平桩，如图 6–9 所示，使水平桩上表面距离槽底设计标高为一固定值（如 0.500 m），控制开挖深度。为了施工人员使用方便，水平桩位置应选在基槽两端、拐角处、纵横槽交叉处，桩间距离以 3～4 m 为宜。

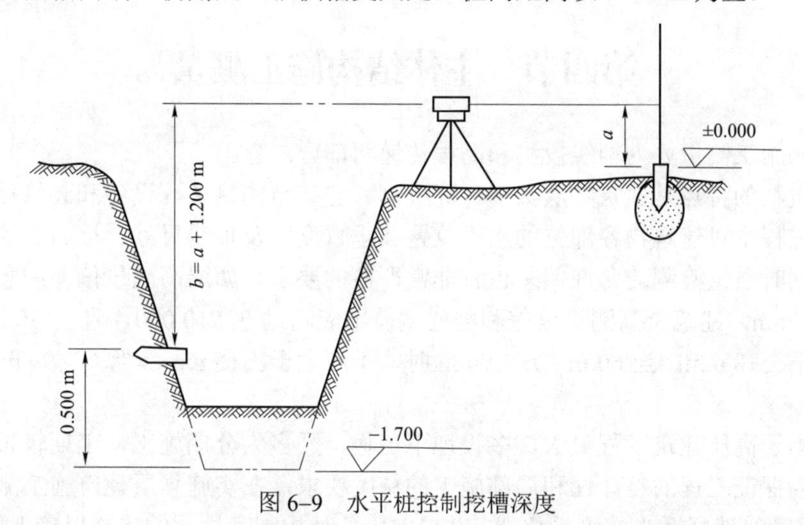

图 6–9　水平桩控制挖槽深度

此水平桩在基础垫层或基础梁施工中仍可使用。可在水平桩距离槽底的固定值中减去垫层厚度或基础梁高度，即为水平桩下量高度。

采用机械挖槽时，为了避免超挖扰动地基土，一般均预留 200 mm 土层由人工清槽。为了能随时提示机械操作人员控制挖深，用水准仪直接测量槽底标高。当深度符合要求时用白灰撒一圆圈在该点做标志。随着开挖面积逐渐扩大，每隔 3 m 左右测设一标志点，并呈梅花形布置，直到基槽全部挖完。

2. 基础墙标高控制

基础墙标高是由皮数杆控制，如图 6–10 所示。皮数杆是砌筑施工中控制各部位标高的依据，是按照设计尺寸，在砖、灰缝厚度处划出线条，并标明±0.000 标高位置、防潮层位置、门窗口、过梁等位置。

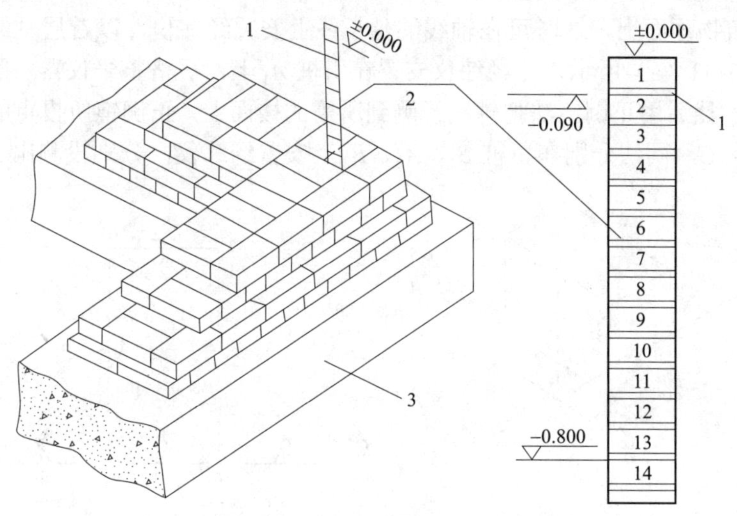

图 6–10　皮数杆控制基础墙标高

1—防潮层；2—皮数杆

绘制皮数杆的主要依据是建筑剖面图、墙身大样图、详图等。测设方法是用水准仪在需要立杆处测设相对高程点，然后将皮数杆上相应标高线与之对齐钉牢。

第四节　主体结构施工测量

主体结构施工测量分为轴线投测和高程传递两部分内容。

高层建筑物的特点是建筑物层数多、高度高、建筑结构复杂，设备和装修标准较高。因此，在施工过程中对建筑物各部位的水平位置、垂直度以及轴线尺寸、标高等的精度要求都十分严格。同时质量检测的允许偏差也有非常严格的要求。如层高测量偏差和竖向测量偏差均不超过±3 mm，建筑全高测量偏差和竖向偏差不应超过 $3H/10\,000$，且当 $30\text{ m}<H\leqslant 60\text{ m}$ 时，不应大于±10 mm；当 $60\text{ m}<H\leqslant 90\text{ m}$ 时，不应大于±15 mm；当 $H>90\text{ m}$ 时，不应大于±20 mm。

此外，由于高层建筑工程量大，多设地下工程，又多为分期施工，工期较长，施工现场变化较大，为保证工程的整体性和局部施工的精度要求，在实施高层建筑施工测量时，事先要定好测量方案，选择适当的测量仪器，并拟定出各种控制和检测的措施以确保放样的精度。

一、轴线竖向投测和高程传递

1. 轴线竖向投测的外控法

外控法即在建筑物以外用经纬仪投测竖向轴线的方法。

基础工程完工后，随着主体结构的不断升高，轴线要逐层向上投测，尤其是高层建筑四周轮廓轴线、电梯井轴线的投测，直接影响结构和电梯安装的竖向偏差。

轴线投测前先根据场地平面控制网校测轴线控制桩，然后将建筑物各轴线测设到首层平面上，再精确地延长到建筑物以外适当的地方，并妥善保护起来，作为向上投测轴线的依据。根据场地条件不同，外控法有以下三种测法。

（1）延长轴线法。场地四周宽阔，可将建筑物外廓主轴线延长到大于建筑物的总高度，或附近多层建筑物顶面上，这时可在轴线的延长线上安置经纬仪，以首层轴线为准，向上逐层投测。如图 6-11（a）所示，将经纬仪安置在引桩 A_1 上，严格整平仪器，照准基础侧壁上的轴线标志 C_1，然后用正倒镜法把轴线投测到所需的楼面上，正倒镜所投点的中点即为投测轴线的一个端点 C，同法分别在引桩 B_1、A_2、B_2 上安置经纬仪，分别投测出 3、C'、$3'$ 点。

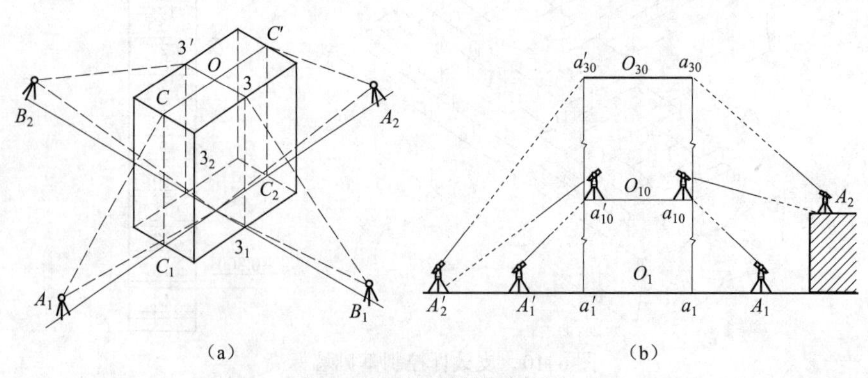

图 6-11　外控法轴线投测

连接楼面上的轴线点 CC' 和 $33'$ 即得两条轴线，根据这两条轴线，用平行推移法确定出其他各轴线。如果仰角过大，可将轴线延长到更远处或附近建筑物屋顶上，如图 6–11（b）所示。

（2）侧向借线法。场地四周狭小，建筑物外廓主轴线无法延长时，可将轴线向建筑物外侧平移（也称借线），移出的尺寸视外脚手架的情况而定，在满足通视的原则下尽可能短。将经纬仪安置在借线点上，以首层借线点为准向上投测，并指挥施工层上的测量人员，垂直仪器视线横向移动尺杆，则可在楼板上定出轴线位置。

（3）正倒镜挑直法。当场地地面上无法安置经纬仪时，可将经纬仪安置在施工层上，用正倒镜挑直线的方法直接在施工层上投测出轴线位置。

为保证经纬仪竖向投测精度，应注意严格校正仪器，严格整平度盘水准管；尽量以首层轴线作为后视向上投测；取盘左、盘右向上投测的居中位置。

2. 轴线竖向投测的内控法

当场地狭小而无法在建筑物外安置经纬仪时，可在建筑物内用铅直线投测原理将轴线引到施工层上，作为各层放线的依据。轴线控制点是在±0.000 首层平面上适当位置设置与轴线平行的辅助轴线（距轴线 500～800 mm 为宜），并在辅助轴线交点或端点处埋设标志，如图 6–12 所示。

根据使用仪器设备不同，内控法有以下四种测法。

（1）吊线坠法。吊线坠法是利用直径 0.5～0.8 mm 的钢丝悬吊 1～20 kg 重特制线坠，以首层地面处结构上的轴线控制点为准，通过预留孔直接向各施工层投测轴线，如图 6–13 所示。钢丝直径、坠体重量与引测高度有关。

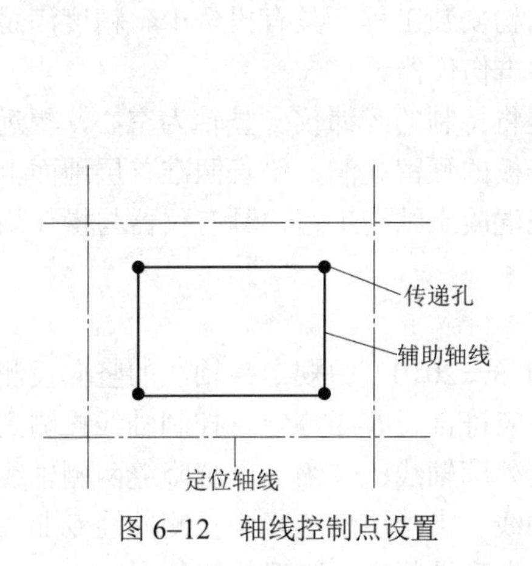

图 6–12 轴线控制点设置

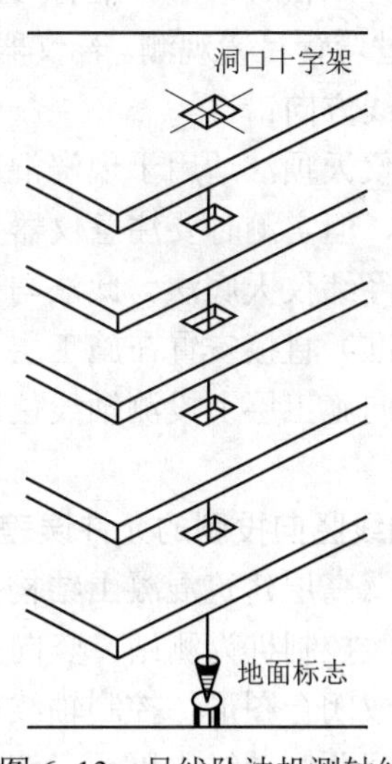

图 6–13 吊线坠法投测轴线

为保证投测精度，操作时应注意以下几点：线坠重量要适中，体型正；线坠上端固定牢，线间无障碍；线坠下端左右摇动＜3 mm 时取中，两次取中之差＜2 mm 时再取中定点，投点时视线要垂直结构立面；防震动、防侧风；每隔 3～4 层放一次通线，以作校核。

（2）激光垂准仪法。激光垂准仪具有操作简便、能够自动控制铅直偏差的特点，是高塔架、滑模等施工的理想仪器。

竖向投测时，将激光垂准仪安置在竖向控制点位上，向上发射激光束，在施工层上相应处设置接收靶来传递轴线和控制竖向偏差，如图 6–14 所示。

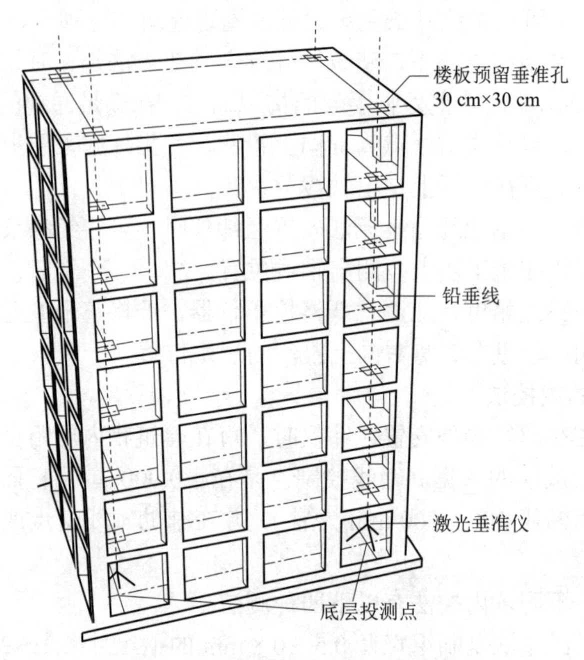

图 6–14　激光垂准仪法投测轴线

（3）经纬仪天顶法。配有 90° 弯管目镜的经纬仪，将望远镜目镜指向天顶（铅直向上）方向，通过弯管目镜观测。若仪器水平旋转一周视线均为同一点（照准部水准管要严格整平），则说明视线方向铅直。

经纬仪天顶法适用于现浇混凝土工程与钢结构安装工程，具有投资少、精度满足工程要求的优点，但实测时要注意仪器安全，防止落物击伤仪器。

（4）经纬仪天底法。此法与天顶法相反，是将特制的经纬仪（竖轴为空心，望远镜可铅直向下照准）直接安置在施工层上，通过各层楼板的预留孔洞，铅直照准首层地面上的轴线控制点，向施工层上投测轴线位置。适用于现浇混凝土结构工程，具有仪器与操作均较安全的特点。

3. 轴线竖向投测的允许误差

根据《高层建筑混凝土结构技术规程》（JGJ 3—2010）中规定：轴线的竖向投测，应以建筑物轴线控制桩为测站。竖向投测的允许偏差应符合表 6–3 规定。控制轴线投测到施工层后，应组成闭合图形，控制轴线应包括：建筑物外廓轴线；伸缩缝、沉降缝两侧轴线；电梯间、楼梯间两侧轴线；单元、施工流水段分界轴线。当楼层轴线竖向投测并经专业质检检测合格后，应填写建筑物垂直度、标高观测记录，报建设单位、监理单位备查。

表 6–3　轴线竖向投测允许偏差（JGJ 3—2010）

项　目		允许偏差/mm
每层		3
总高度 H/m	$H \leqslant 30$	5
	$30 < H \leqslant 60$	10

续表

项　目		允许偏差/mm
总高度 H/m	$60<H\leqslant 90$	15
	$90<H\leqslant 120$	20
	$120<H\leqslant 150$	25
	$150<H$	30

4. 高程传递

高程竖向传递的位置应满足竖向贯通便于铅直量尺的条件，主要为结构外墙、边柱、楼梯间等处。一般高层建筑至少要有三处向上传递，便于施工层校核及分段施工需要。

高程传递的起始线是根据底层±0.000 m 标高点（可依据施工场地内的水准点来测设）在各传递点处准确地测出相同的起始高程线。用钢尺沿铅直方向，由起始线向上量至施工层，并划出整数水平线；将水准仪安置在各施工层上，校测传递上来的各水平线，较差应在±3 mm内。各层抄平时应后视两条水平线作校核。

5. 高程传递的允许误差

《高层建筑混凝土结构技术规程》（JGJ 3—2010）中规定：标高的竖向传递，应从首层起始，标高线竖直量取，且每栋建筑应由三处分别向上传递。当三个点的标高差值小于 3 mm时应取其平均值，否则应重新引测。标高的允许偏差应符合表 6–4 的规定。当楼层标高抄测并经专业质检检测合格后，应填写楼层标高抄测记录，报建设单位、监理单位备查。

表 6–4　标高竖向传递允许偏差（JGJ 3—2010）

项　目		允许偏差/mm
每层		±3
总高度 H/m	$H\leqslant 30$	±5
	$30<H\leqslant 60$	±10
	$60<H\leqslant 90$	±15
	$90<H\leqslant 120$	±20
	$120<H\leqslant 150$	±25
	$150<H$	±30

二、现浇钢筋混凝土框架结构的施工放线

（1）首层柱放线，可在承台、底板或其他类型基础的混凝土面上用墨线弹出主轴线，再弹出剪力墙、柱的截面尺寸。

（2）施工过程中主轴线常与剪力墙、柱筋重合，施工测量时无法通长线，因此要在主轴线 500 mm 或 1 000 mm 范围定出一条控制线，也称平行借线控制。借线尺寸，可根据工程设计情况及施工现场条件而定；可控制柱边线，或平移一整尺寸，但各条控制线的平移尺寸与方向应尽量一致，以免用错。如所有横向轴线一律向东借 1 m，只有最东一条轴线向西借 1 m；

所有纵向轴线一律向北借 1 m，只有最北一条轴线向南借 1 m。

（3）施工层平面放线，除测设各轴线外，还需弹出柱边线，作为绑扎钢筋与支模板的依据。柱边线一定要延长出 15～20 cm 的线头，以便支模后检查用。

（4）柱筋绑扎完毕后，在主筋上测设柱顶标高线，作为浇筑混凝土的依据。标高线测设在两根对角钢筋上，并用白油漆作出明显标记。

（5）柱垂直度的测量。柱模支好后，常用吊垂球法检查校正柱身垂直度。

（6）柱模拆除后，在柱身上测设轴线位置，并测设距地面 0.5 m 或 1 m 水平线。矩形柱的四角各测设一点；圆形柱的圆周上测设三点，然后用墨线连接。

（7）用经纬仪将地面各轴线投测到柱身，弹出墨线，作为框架梁支模以及围护结构墙体施工的依据。

二层以上结构施工放线，仍需以首层传递的控制线与标高作为依据。

三、砖混结构的施工放线

在基础工程结束后，应对龙门板或控制桩进行认真检查复核，确保其位置正确。

（1）主轴线测设。可利用龙门板或控制桩将主轴线测设到基础顶面或防潮层上，用墨线弹出，并进行闭合校测，保证主轴线间距及角度符合规范要求。把墙主轴线引测到基础墙立面上，如图 6–15 所示，作为向上投测轴线的依据。

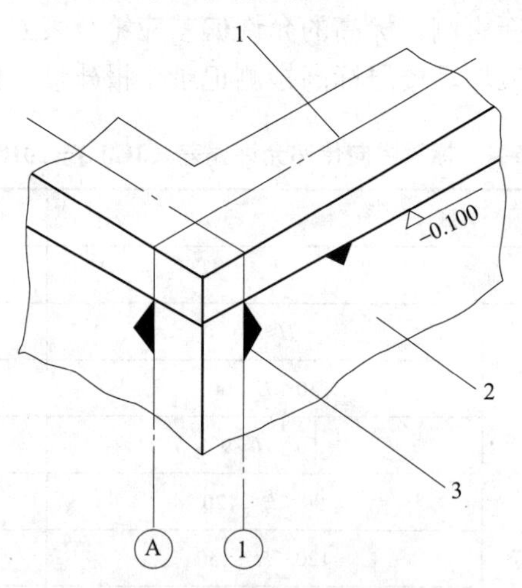

图 6–15　标志轴线位置

1—墙主轴线；2—外墙基础；3—轴线标志

（2）细部轴线测设。为保证各轴线间距精度均匀，应将钢尺拉平，相应刻划线对准主轴线，分别标出细部轴线点位。然后根据细部轴线测设墙边线、门洞口位置线。纵横墙线应相互交接，门洞口线应延长出墙外 150～200 mm，作为后期检查的依据。窗洞口位置线弹在墙体立面上。

（3）皮数杆测设。皮数杆是砌筑施工中控制各部位标高的依据。根据设计施工图，除绘出砖的行数外，还要标明±0.000、门窗口、预留洞口、过梁、圈梁等位置的尺寸，如图 6–16 所示。它可以控制墙身各部位构件的准确位置，使每皮砖都处在同一水平面上，保证砌筑质量。

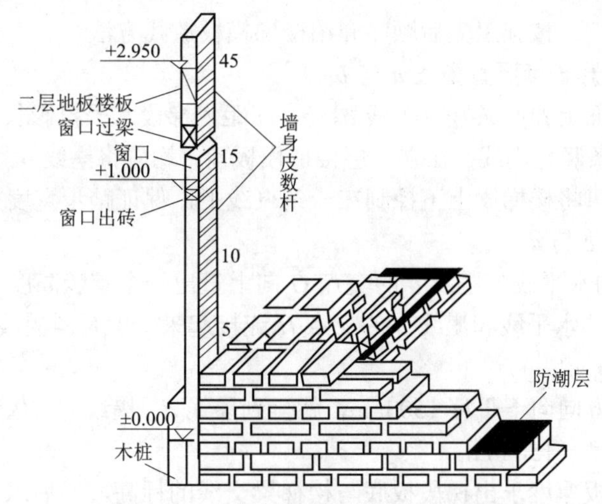

图 6-16　皮数杆控制墙体各部位标高

皮数杆一般立在建筑物拐角和隔墙处。先在地面上打一木桩，用水准仪测出±0.000 标高位置，并画一横线作为标志；然后将皮数杆与木桩上±0.000 线对齐、钉牢，并用垂球来校正皮数杆垂直度。

如果砌筑框架填充墙，可不立皮数杆，而直接画在框架柱上。

为了使同楼层四角的皮数杆均在一个水平面上，需要用水准仪校测出其标高，并取平均值作为本层的楼地面标高，以此立皮数杆。当精度要求较高时，可用钢尺沿墙身自±0.000起向上直接丈量至楼板外侧，确定立杆标志。

（4）投测“50”水平线。墙体砌筑一步架后，用水准仪测设距地面 0.5 m 或 1 m 水平线。

二层以上结构层放线时，先将主轴线及标高线投测到施工层，然后重复以上步骤。

四、楼梯施工测量

楼梯一般在主体的当层完成时放线，可直接放线在楼梯间的墙上。按质量评定要求，楼梯的每踏步之间的高差不能大于 10 mm，必须准确定位才能满足质量要求。在准确定出第一步和楼层处的踏步标高后将分格网弹于楼梯的墙面上。具体做法：首先要熟悉图纸，搞清楚楼梯的结构形式，楼梯梁、平台、梯段的位置及标高；以结构图纸为依据，以楼层+0.50 线及楼层平面轴线为基准，在墙上测量并弹出梁底标高及平面位置线；按图纸设计尺寸，将上下楼梯梁连线，弹出梯段坡度线；在梯段线上均匀分出楼梯踏步位置线；在周边没有墙的情况下，可将楼梯梁位置线弹在下层楼面上，至梁底时挂线坠对准即可。其实，放样方法很灵活多样，和仪器设备关系很大，仪器不同方法是有差别的。

在楼梯工程施工中，木工在安装现浇整体楼梯模板时常常出错，主要是因为建筑施工图上标注的尺寸和标高，是指装饰完工后的尺寸和标高，而在结构施工图上则是指承重结构（不含装饰层）的尺寸和标高。有的图纸上对施工中需要的一些尺寸，例如平台板底标高、梁底标高、梯段板底与梯梁交线的标高等都没有标出，施工时需另行计算。因此，为减少差错，在立模板之前，施工技术员应先给出模板放线图。

模板放线图就是模板立完后的平面图和剖面图，图中应将安装模板有用的尺寸和标高都标出来。下面结合实例，按施工先后顺序介绍楼梯模板放线方法。

1. 弹梯段水平投影长度竖直墨线 *a* 与 *b*

在楼梯梁内侧墙面上弹两条竖直墨线 a、b，间距为梯段水平投影长度。同样在楼梯梁另一端墙面上，也弹两条竖直墨线。在立上层楼梯模板前，均应将墨线 a、b 用锤球或经纬仪引至上层墙面上，这样可将楼梯梁上下控制在一条直线上，保证踏步宽度尺寸一致。

2. 弹梯段斜墨线 *c* 与 *d*

从标高为-0.02 的水平线与墨线 a 的交点 G 向上量出一个踏步高度（150 mm）得 f 点。将 f 点与标高为 1.48 的水平线和墨线 b 的交点 H 连接起来，就是斜墨线 c。同样也弹出上面梯段的斜墨线 c。

将墨线 c 在竖直方向向下平移 150 mm，就得到墨线 d，墨线 c 与墨线 d 在竖直方向上的距离就是梯级模板高度（150 mm）。

由楼梯坡度和梯板厚度求出梯段板底与楼梯梁交线的标高，然后求出梯段板与梯梁交接处的厚度。将计算出的标高标注在放线图上，以备施工时使用。依此可求出其他梯段所需标高。

3. 弹梯级模板线

弹梯级模板线有以下两种方法：利用水平尺依次弹出梯级模板线；将墨线 c 或墨线 d 九等分（即踏步数），然后由各等分点作垂直线，就可以得到各梯级的模板线。

五、安装测量

（一）柱的安装测量

混凝土柱是厂房结构的主要构件，其安装精度直接影响到整个结构的安装质量，如吊车梁、吊车轨道、屋架等，所以这一环节的施工应特别重视，确保柱位准确、柱身铅直、牛腿面标高正确。

1. 测量精度要求

在厂房构件安装中，首先应进行牛腿柱的吊装，柱安装质量直接影响其他构件的安装质量。因此，必须严格遵守下列限差要求。

（1）柱脚中心线与柱列轴线之间的平面尺寸容许偏差为±5 mm。

（2）牛腿面实际标高与设计标高的容许误差：当柱高在 5 m 以下时，为±5 mm；在 5 m 以上时，为±8 mm。

（3）柱的垂直度容许偏差为柱高的 1/1 000，且不超过 20 mm。

2. 准备工作

首先将每根柱按轴线位置编号，并检查柱尺寸是否满足设计要求；然后在柱身的三个侧面用墨线弹出柱中心线，每面在中心线上按上、中、下用红漆划出“▶”标志，以便校正；牛腿面应弹两道相互垂直的十字线，作为吊车梁安装就位的依据；上柱柱顶也应弹两道相互垂直的十字线，作为屋架安装就位的依据；最后还要调整杯底标高，即杯底标高加上柱底到牛腿面的长度等于牛腿面的设计标高，即

$$H_{面}=H_{底}+L$$

式中，$H_{面}$——牛腿面的设计标高；

$H_{底}$——基础杯底的标高；

L——柱底到牛腿面的设计长度。

调整杯底标高的具体做法是先根据牛腿面设计标高，沿柱子的中心线用钢尺量出一标高线，与基础杯口内壁上已测设的标高线相同，分别量出杯口内标高线至杯底的高度，与柱身上的标高线至柱底的高度进行比较，以确定找平厚度，修整杯底使牛腿面标高符合设计要求。

3. 安装校测

将柱吊入基础杯口，柱脚接近杯底时应停止吊钩的下落，使柱在悬吊状态下进行就位。就位时将柱中心线与杯口顶面的定位中心对齐，并使柱身概略垂直后，在杯口处插入木楔或钢楔块，当柱身脱离吊钩、柱脚沉到杯底后，还应复查中线的对位情况，再用水准仪检测柱身已标定的±0.000 线，确定高程定位误差。这两项检测均符合精度要求，将楔块打紧，使柱初步固定，然后进行竖直校正。

如图 6–17 所示，在基础纵向、横向柱列轴线上各安置一台经纬仪（与柱距离不小于 1.5 倍柱高），瞄准柱下部的中心线，固定照准部，再仰视柱顶，当两个方向上柱中心线与十字丝的竖丝均重合时，说明柱竖直；若不重合，则应在两个方向先后进行垂直度调整，直到重合为止。

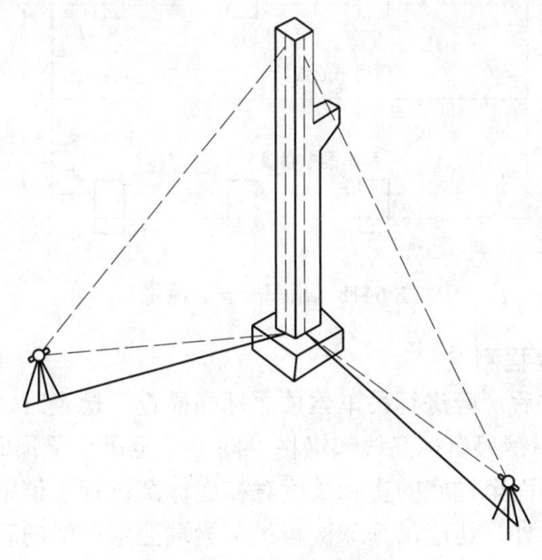

图 6–17　柱的安装测量

为保证校测精度，应注意以下几点。

（1）校测前对所用仪器进行严格检校，尤其是横轴垂直于仪器竖轴的检校，对高柱的校测影响更大。

（2）正对变截面柱，经纬仪要严格安置在轴线或中线上，且尽量后视杯口平面上的轴线或中线标记，这样既能校测柱身铅直，也能校测位移，从而提高安装精度。

（3）尽可能将经纬仪安置在距柱较远处，以减小校测时的视线倾角，削弱横轴不垂直于竖轴误差的影响。

（4）对于柱长大于 10 m 的细长柱，校测时还要考虑阳光照射时柱阴阳两侧伸长不均的温差影响，如事先预留偏移量，使误差消失后柱身保持铅直，或尽可能选择在早、晚或阴天校测。

（5）在柱顶梁、屋架、屋面板安装后，荷载增加，柱身有外倾趋势，应在校测及复测时加以考虑。

（二）吊车梁安装测量

吊车梁安装测量的主要任务是使安置在柱牛腿上的吊车梁平面位置、顶面标高及梁端面中心线的垂直度均符合设计要求。

1. 吊车梁安装时的中线测量

在吊车梁安装前，在两端面上弹出梁的中心线，然后根据厂房控制网或柱中心线，在地面上测设出两端的吊车梁中心线的控制桩。并在一端点安置经纬仪，瞄准另一端，将吊车梁中心线投测在每根柱子牛腿面上，并弹出墨线。吊装时吊车梁中心线与牛腿上中心线对齐，其允许误差为 3 mm。若投射时视线受阻，可从牛腿面上悬吊垂球来确定位置。安装完毕后，用钢尺丈量吊车梁中心线间距，即吊车轨道中心线间距是否符合行车跨度，其偏差不得超过 ±5 mm，如图 6–18 所示。

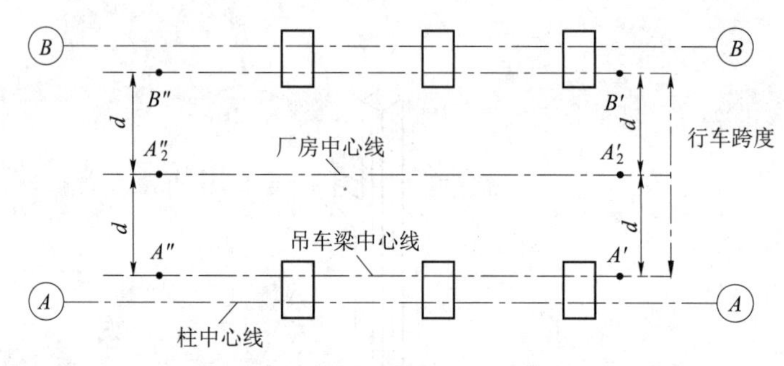

图 6–18 吊车梁安装测量

2. 吊车梁安装时的高程测量

吊车梁完成平面定位后，应进行吊车梁顶面标高检查。检查时，先在柱子侧面测设出一条 +0.500 m 的标高线，用钢尺自标高线起沿柱身向上量至吊车梁顶面，求得标高误差。由于安装柱子时已根据牛腿顶面至柱底的实际长度对杯底标高进行了调整，因而吊车梁的标高一般不会有较大的误差。另外，还应吊垂球检查吊车梁端面中心线的垂直度。标高和垂直度存在的误差，可在梁底支座处加垫板校正。

（三）屋架的安装测量

屋架吊装前，用经纬仪或其他方法在柱顶面放出屋架定位轴线，并应弹出屋架两端中心线，以便进行定位。屋架吊装就位时，应使屋架的中心线和柱顶上的定位线对准，允许误差为 ±5 mm。

屋架的垂直度可用垂球或经纬仪进行检查。用经纬仪时，可在屋架上安装三把卡尺，如图 6–19 所示，一把卡尺安装在屋架上弦中点附近，另外两把卡尺分别安装在屋架的两端，自屋架几何中心沿卡尺向外量出一定距离，一般为 500 mm，并作标志。然后在地面上距屋架中心线同样距离处安置经纬仪，观测三把卡尺上的标志是否在同一竖直面内，若屋架竖向偏差较大，则用机具校正，最后将屋架固定。

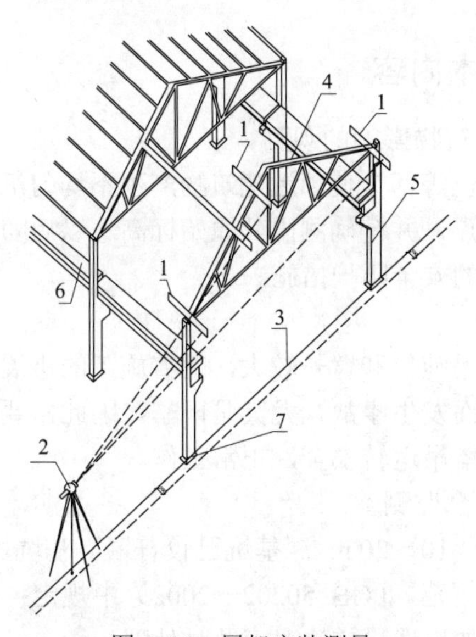

图 6–19　屋架安装测量

1—卡尺；2—经纬仪；3—定位轴线；4—屋架；5—柱；6—吊车梁；7—基础

第五节　建筑工程施工中的沉降观测

由于高层建筑、重型设备基础等施工期间受地基条件、建筑物上部结构荷载等因素的综合影响而产生变形，这些变形在允许范围内被认为是正常的，但如果超过了规定的限度，就会影响建筑物的使用和结构安全。因此，需要进行沉降观测，以便及时发现问题，采取比较合理的技术决策和现场应变措施。沉降观测具有安全预报、检验施工质量、科学评价等特点。

沉降观测是采用水准测量的方法，多次重复测定沉降观测点相对于水准基点的高差随时间的变化量，来确定建筑物在垂直方向上位移量的工作。水准基点是测量建筑物沉降的依据，一般使用精密水准仪和铟瓦尺采用二等或一等水准测量进行高程测量。若与国家统一高程点联测不便，可采用假定高程。沉降观测点与水准基点的位置应稳定，主要由设计单位确定，施工单位埋设。沉降观测参考的主要规范依据有《工程测量规范》（GB 50026—2007）、《建筑变形测量规范》（JGJ 8—2007）、《建筑物沉降观测方法》等。

沉降观测的水准路线，宜采用闭合线路。由于沉降量是对于第一次或上一次观测时的高差而言，所以应格外重视第一次观测成果的质量。一般首次观测应重复进行两次，取平均值作为观测结果。同时沉降观测的每一次成果均是反映某一时刻建筑物的状态，时间一旦过去便无法重测，因此应确保每一次观测成果的质量。测量仪器、主要观测人员和观测线路固定不变。承担沉降观测的单位应具有相应主管部门批准的资质，测量人员应具有主管部门颁发的上岗证。

观测时仪器应避免安置在有空压机、搅拌机、卷扬机等振动影响的范围内，塔式起重机等施工机械附近不宜设站。

一、沉降观测的基本内容

1. 施工过程中对邻近建筑物影响的观测

打桩、井点降低地下水位等都会使邻近建筑物产生不均匀沉降、裂缝等变形。所以要在邻近建筑物上设置沉降观测点，并精确测出其原始标高。以后随着施工进展情况及时复测，以便根据沉降情况采取必要的安全防护措施。

2. 塔吊基座的沉降观测

高层建筑施工使用的塔吊吨位和臂长较大，随着施工的进展，塔身逐步增高，基座虽经处理，也可能会下沉、倾斜而发生事故，尤其是雨季。因此，要根据施工进展情况及时对塔基四角进行沉降观测，确保塔吊运转安全，正常工作。

3. 深基坑围护结构的安全监测

随着建筑物高度的增加，10～20 m 深基坑已较普遍，基坑坍塌事故也时有发生。《建筑地基基础工程施工质量验收规范》（GB 50202—2002）中规定：基坑施工中应对支护结构、周围环境进行观察和监测，如出现异常情况应及时处理。

深基坑围护结构监测的内容主要有位移与沉降。位移观测主要是使用经纬仪视准线法或测角法观测支护结构顶部和腰部的水平位移。

4. 建筑物沉降观测

《高层建筑混凝土结构技术规程》（JGJ 3–2010）中规定：对于 20 层以上或造型复杂的 14 层以上建筑，应进行沉降观测。

建筑物沉降观测的主要内容有：浇筑基础底板时按设计指定的位置埋设好临时观测点。一般筏形基础或箱型基础应沿纵横轴线和基础周边设置观测点，观测的次数和时间应按设计要求。通常情况下，第一次观测应在观测点安设稳固后及时进行，以后结构每升高一层，将临时观测点移上一层并进行观测，直到±0.000 时，再按规定埋设永久性观测点。然后每施工 1～3 层复测一次，直到封顶。

二、沉降观测的周期和时间

荷载变化期间，沉降观测周期应符合下列要求。

（1）基础混凝土浇筑、回填土及结构安装等增加较大荷载前后应进行观测。

（2）基础周围大量积水、挖方、降水及暴雨后应观测。

（3）出现不均匀沉降时，根据情况增加观测次数。

（4）施工期间因故暂停施工超过三个月，应在停工时及复工前进行观测。

（5）结构封顶至工程竣工，沉降周期宜符合下列要求：

① 高层建筑施工期间每增加 1～2 层进行观测，并记录建筑物荷载变化、气象情况与施工条件的变化；

② 均匀沉降且连续三个月内平均沉降量不超过 1 mm 时，每三个月观测一次；

③ 连续两次每三个月平均沉降量不超过 2 mm 时，每六个月观测一次；

④ 外界发生剧烈变化时应及时观测；

⑤ 交工前观测一次；

⑥ 交工后建设单位应每六个月观测一次，直至基本稳定（≤1 mm/100 d）为止。

三、沉降观测方法

沉降观测分为四个精度等级，一等适用于高精度变形监测项目，二、三等适用于中等精度变形监测项目，四等适用于低精度的变形监测项目。沉降观测方法和精度等级应根据工程需要，并符合《工程测量规范》（GB 50026—2007）中规定，见表 6–5，其中 n 为测站数。

表 6–5　沉降观测方法和精度等级

等级	变形点的高程中误差/mm	相邻变形点高程中误差/mm	往返较差、附合或环线闭合差/mm	观测方法
一等	±0.3	±0.15	$\leqslant 0.15\sqrt{n}$	除按国家一等精密水准测量外，尚需设双转点，视线≤15 m，前后视距差≤0.3 m，视距累积差≤1.5 m；精密液体静力水准测量；微水准测量等
二等	±0.5	±0.30	$\leqslant 0.30\sqrt{n}$	国家一等精密水准测量；精密液体静力水准测量
三等	±1.0	±0.50	$\leqslant 0.60\sqrt{n}$	二等水准测量；液体静力水准测量
四等	±2.0	±1.00	$\leqslant 1.4\sqrt{n}$	三等水准测量；短视线三角高程测量

四、沉降观测的成果整理

沉降观测应有专用的外业手簿，并需将建筑物施工情况详细注明，随时整理，其主要内容包括：建筑物平面图及观测点布置图；施工过程中荷重增加情况；建筑物观测点周围工程施工及环境变化的情况；建筑物观测点周围重型设备堆放情况；施测时所引用的水准点号码、位置、高程及有无变动的情况等。如中间停工，还应将停工日期及停工期间现场情况加以说明。另外还需提供荷载—时间—沉降量曲线图、沉降等值线图和沉降结论等。

1. 建筑物平面图

如图 6–20 所示，图上应标有观测点位置及编号，必要时应另绘竣工图及沉降稳定时的等值线图。

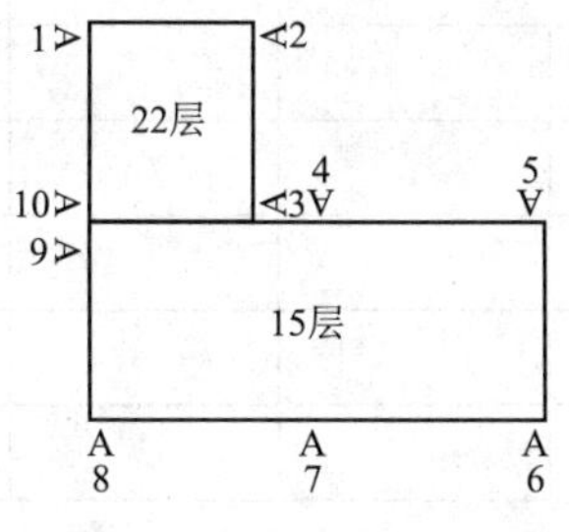

图 6–20　某建筑物平面图

2. 下沉量统计表

下沉量统计表是根据沉降观测记录（见表 6–6）整理而成的，包括各个观测点的每次下沉量和累积下沉量的统计值。

表 6–6　沉降观测记录

工程名称			水准点编号		测量仪器		
水准点所在位置			水准点高程		仪器检定日期	年　月　日	
观测日期：自　　年　　月　　日至　　年　　月　　日							
观测点布置简图							
观测点	观测日期	荷载累加情况描述	实测标高/m	本期沉降量/mm	总沉降量/mm	沉降均值	沉降速率
观测单位名称						观测单位印章	
技术负责人		审核人		施测人			

注：本表由测量单位提供，城建档案馆、建设单位、监理单位、施工单位各保存 1 份。

3. 观测点的下沉量曲线

通过曲线图可以直观地了解变形过程和变形分布情况，也可以对变形发展趋势有直观的判断。荷载与时间的关系曲线图是以荷载的重量 p 为纵轴，以时间 t 为横轴，根据每次观测日期和每次荷载的重量画出各点，将各点连接起来得到荷载—时间关系曲线图；沉降量与时间的关系曲线图是以沉降量 s 为纵轴，时间 t 为横轴，根据每次观测日期和每次下沉量按比例画出各点位置，然后将各点连接起来，并在曲线一端注明观测点号码，得到沉降—时间关系曲线图。荷载—时间—沉降曲线图，如图 6–21 所示，图形分上下两部分，上部分为荷载与时间曲线，下部分为沉降与时间曲线。

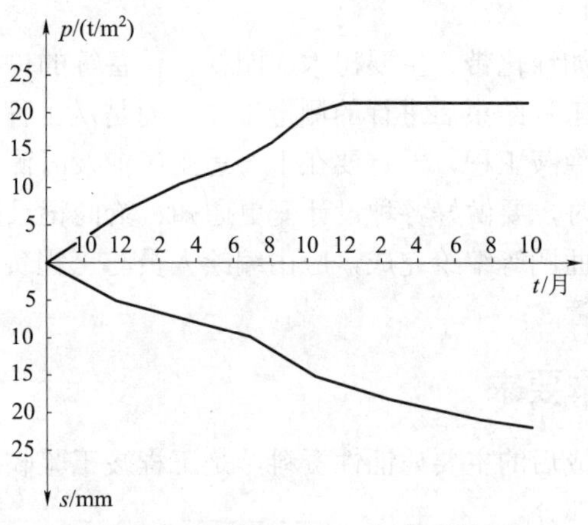

图 6–21 荷载—时间—沉降曲线图

如果沉降量与时间关系曲线不是单边下行光滑曲线，而是起伏状现象，就需要分析原因，进行修正。若第二次观测出现回升，而以后各次观测又逐渐下降，可能是首次观测精度过低，若回升超过 5 mm 时，第一次观测作废，若回升在 5 mm 内，第二次与第一次调整标高一致；曲线在某点突然回升，主要是水准点或观测点被碰动，且水准点碰动后标高低于碰前标高，观测点碰后高于碰前所致；曲线自某点起渐渐回升，主要是水准点下沉所致。

《建筑变形测量规范》（JGJ 8—2007）中指出，一般沉降观测工程，若最后 100 d 的沉降速率小于 0.01～0.04 mm/d，可认为建筑物进入沉降稳定阶段。

第六节 竣工测量

竣工总平面图是设计总平面图经施工后实际情况的真实全面的反映。在施工过程中，由于设计时没有考虑到的原因而使设计的位置发生变更，造成竣工位置与设计位置不一致，对这部分变更的工程位置需要进行室外实测，称为竣工测量。

竣工测量时，对主要厂房及一般建筑物等较大的矩形建筑物至少要测三个主要角点的坐标；地下管线必须在回填土前测量出起止点、转折点、窨井的坐标和管顶高程。

竣工测量应随着工程的进展和各局部的竣工验收，及时搜集竣工资料，并编绘竣工图。竣工测量是验收与评价工程是否按图施工的依据；是工程交付使用后进行管理与维修的依据；是工程改建、扩建的依据。《建设工程文件归档整理规范》（GB/T 50328—2001）是编制建筑工程竣工图的基本依据。

一、竣工测量资料的基本内容

竣工测量资料应包括以下内容。

（1）测量控制点的点位和数据资料，如场地红线桩、平面控制网点、主轴线点及场地永久性高程控制点等。

（2）地上、地下建筑物位置（坐标）、几何尺寸、高程、层数、建筑面积及开工、竣工日期。

（3）室外地上、地下各种管线，如给水、排水、热力、电力、电讯等，构筑物的位置、高程、管径、管材等。

（4）室外环境工程，如绿化带、主要树木、园林、设备等的位置、几何尺寸及高程等。

竣工测量并非是整个工程结束后进行的测量工作，而是从工程定位开始就逐项的积累收集各项技术资料，尤其是隐蔽工程，一定要在下一道工序前及时测出竣工位置，否则容易漏项。在收集竣工资料的同时，要做好各种设计变更通知、洽商记录的保管。

竣工资料及竣工总平面图等编绘完成，应由编绘人员与工程负责人签名后，上交使用单位与国家有关档案部门保管。

二、竣工图的基本要求

竣工图是工程建设完成后的主要凭证性资料，是工程竣工验收的必备条件，是建筑安装工程竣工档案中最重要的部分。

竣工图是竣工验收后真实反映建设工程项目施工结果的图样，凡工程现状与施工图不相符的内容，全部要按工程竣工现状清楚、准确地在图纸上予以修正，如图纸会审中提出的修改意见、工程洽商或设计变更的修改内容、施工过程中建设单位和施工单位双方协商的修改等。

竣工图应具有明显的“竣工图”字样，并包括施工单位名称、编制人、审核人、技术负责人、编制日期、监理单位、总监、现场监理等基本内容。编制单位、制图人、审核人、技术负责人要签字对竣工图负责。图 6–22 所示为竣工图章示例，竣工图章尺寸为 50 mm× 80 mm。

<table>
<tr><td colspan="4">竣工图</td></tr>
<tr><td>施工单位</td><td colspan="3"></td></tr>
<tr><td>编制人</td><td></td><td>审核人</td><td></td></tr>
<tr><td>技术负责人</td><td></td><td>编制日期</td><td></td></tr>
<tr><td>监理单位</td><td colspan="3"></td></tr>
<tr><td>总监</td><td></td><td>现场监理</td><td></td></tr>
</table>

图 6–22　竣工图章示例

三、竣工图的内容、类型与绘制要求

1. 竣工图的内容

竣工图应按专业、系统进行整理，内容包括：

（1）建筑总平面布置图与总图（室外）工程竣工图；

（2）建筑竣工图与结构竣工图；

（3）装修、装饰竣工图与幕墙竣工图；

（4）消防竣工图与燃气竣工图；

（5）电气竣工图与弱电竣工图；

（6）采暖竣工图与通风空调竣工图；

（7）电梯竣工图与工艺竣工图等。

2. 竣工图的类型与绘制要求

（1）利用施工蓝图改绘的竣工图。在施工蓝图上一般采用杠（划）改法或叉改法，不得使用涂改液涂抹、刀刮、补贴等方法修改图纸，即将取消的文字、数字、符号等用横杠杠掉，图中取消的部分打“×”，并注明修改依据。

（2）在二底（硫酸纸）图上修改的竣工图。可用刮改法绘制，即用刀片将需更改部位刮掉，再用绘图笔绘制修改内容，并在图中空白处做一修改备考表，注明变更、洽商编号（或时间）和修改内容。

（3）重新绘制的竣工图。凡施工图结构、工艺、平面布置等有重大改变，或变更部分超过图面1/3的，应当重新绘制竣工图。

（4）用 CAD 绘制的竣工图。在电子版施工图上依据设计变更、工程洽商的内容进行修改，修改后用云图圈出修改部位，并在图中空白处做一修改备考表。同时图签上必须有原设计人员签字。凡按施工图施工没有变动的，在施工图图签附近空白处加盖并签署竣工图章。凡一般性图纸变更，可根据设计变更依据在施工图上直接改绘，并加盖及签署竣工图章。

教学小结

● 施工测量要遵循“从整体到局部，先控制后碎部”的原则。即先在施工现场建立统一的平面控制网和高程控制网，再以此为基础测设各个建筑物和构筑物的位置。

● 施工控制网分为平面控制网和高程控制网两种。平面控制网常采用三角网、导线网、建筑基线或建筑方格网等，高程控制网一般采用水准测法。

● 建筑基线是建筑场地的施工控制基准线，即在场地中央放样一条长轴线或若干条与其垂直的短轴线。它适用于建筑设计总平面图布置比较简单的小型建筑场地。其常见的形式有“一”字形、“L”字形、“十”字形和“T”字形。

● 施工方格网是在大中型建筑场地上，由正方形或矩形组成的施工控制网。建筑方格网的布设应根据总平面图上各种已建和待建的建筑物、道路及各种管线的布设情况，结合现场的地形条件来确定。对于建筑物多为矩形且布置比较规则和密集的场地，常将施工控制网布置成矩形建筑方格网。建筑方格网的主轴线一般布设于建筑场地的中央，并与主要建筑物的轴线平行或垂直。

● 施工坐标系统是以建筑物的主要轴线方向作为坐标轴而建立的局部坐标系统。坐标原点设置在总平面图的西南角，纵轴记为 A 轴，横轴记为 B 轴，用 A、B 坐标确定建筑物外廓轴线交点的位置。根据施工测量的需要，可对有关点位的施工坐标与测量坐标进行坐标换算。

● 民用建筑施工测量的准备工作主要包括：了解设计意图并熟悉和校核施工图，现场踏勘并校核平面控制点和水准点，制定测量放线方案、钢尺检定和仪器检校等。

● 高层建筑施工测量应符合现行国家标准《工程测量规范》(GB 50026)的有关规定，并应根据建筑物的平面、体形、层数、高度、场地状况和施工要求，编制施工测量方案。

● 高层建筑场地平面控制网和建筑物主轴线，应根据复核后的建筑红线桩或城市测量控制点准确定位测量，并应做好桩位保护。

● 建筑物定位是将建筑物外墙轴线交点测设到地面上，并以此作为基础和主体结构测设的依据。

● 建筑物放线是根据已定位的外墙轴线交点桩详细测设出建筑物各轴线桩，作为基础、主体结构施工的依据，并将轴线和高程逐层向上传递。

● 沉降观测是采用水准测量方法，连续观测设置在建筑物上的观测点与周围水准基点之间的高差变化，根据建筑物在垂直方向上的位移量，绘制沉降—荷载—时间关系曲线图，判断建筑物沉降是否稳定。

● 竣工测量是指在各项工程竣工验收时所进行的测量工作，应随着工程进展和各局部竣工验收及时搜集竣工资料，并编绘竣工图；是验收与评价工程是否按图施工的依据；是工程交付使用后管理与维修的依据；是工程改建、扩建的依据。

● 编绘竣工总平面图的目的是如实反映建筑工程的竣工位置；提供地下管线等隐蔽工程检查和维修的依据；为建筑物的改建、扩建提供原始坐标、高程等资料。

思考题与习题

1. 民用建筑施工测量主要包括哪些工作？

2. 施工场地平面控制网与高程控制网的作用是什么？

3. 场地平面控制网的一般测设方法是什么？

4. 建筑基线、建筑方格网各适用于何种场地？

5. 场地高程控制网的基本测设方法是什么？

6. 如图 6–17 所示，用甲、乙两台经纬仪做柱身（或高层建筑）竖向校正时，何时可不需要将仪器安置在轴线上？何时必须安置在轴线上？若没有安置在轴线上将可能产生什么后果？

7. 建筑物基础放线的基本步骤、验线要点是什么？

8. 用经纬仪外控法做竖向投测有哪三种方法？测设要点是什么？

9. 用铅直线内控法做竖向投测有哪四种方法？

10.《高层建筑混凝土结构技术规程》中规定的施工测量限差：

（1）测设一般场地平面控制网的精度要求：量距_______、测角或延长直线_______；

（2）测定一般场地标高控制网的精度要求：_______或_______；

（3）垫层上基础放线允许偏差是：L（B）≤30 时为_______mm，30<L（B）≤60 时为_______mm，60<L（B）≤90 时为_______mm，90<L（B）时为_______mm。

（4）轴线竖向投测层间允许偏差是：H≤30 时为_______mm，30<H≤60 时为_______mm，60<H≤90 时为_______mm，90<H≤120 时为_______mm，120<H≤150 时为_______mm，150<H 时为_______mm。

（5）标高竖向传递层间允许偏差是：H≤30 时为_______mm，30<H≤60 时为_______mm，

$60 < H \leq 90$ 时为________mm，$90 < H \leq 120$ 时为________mm，$120 < H \leq 150$ 时为________mm，$150 < H$ 时为________mm。

11. 为控制各施工层高程，应如何由 ±0.000 高程线向上引测高程？操作要点是什么？

12. 某建筑方格网主轴线 A–O–B 三个主点初步放样后，在中间点 O 检测得水平角 $\angle AOB = 179°59'36''$，已知 $\overline{AO} = 100$ m，$\overline{OB} = 150$ m，试计算调整数据，并绘图说明调整三点成一直线方法。

13. 已知施工坐标原点 Q 的测量坐标为 $x_Q = 500.000$ m，$y_Q = 1\,000.000$ m，建筑基线点 P 的施工坐标为 $A_P = 135.000$ m，$B_P = 100.000$ m，设两坐标系轴线的夹角 α 为 $30°00'00''$。试计算 P 点的测量坐标 x_P，y_P 的值。

14. 建筑物沉降观测的作用、基本内容及要点各是什么？

15. 竣工测量的目的、竣工图和竣工资料的基本内容是什么？

附录A

测量仪器检修的设备、工具和材料

水准仪、经纬仪等测量仪器多是由光学零件如透镜、棱镜、平面镜等组成的系统，结构比较复杂，配合较为严密；只有光学零件或金属零件的工作面具备极高的光洁度和精密的公差，才能保证测量仪器轴系、读数系统等满足相应的精度要求。

测量仪器使用中易受潮湿和高温影响而发霉、生雾、锈蚀；受外力撞击、振动等影响而使要求的轴系几何关系发生变动，严重的甚至造成部件的损坏。这些都会影响仪器的正常使用与观测精度。实际工作中，掌握仪器检校、维护、修理的基础知识，对提高工作效率、延长仪器使用寿命具有重要意义。

对测量仪器的使用者来说，首先要重视维护和懂得维护，保管好仪器，尤其在携带和运输中应尽量减少和避免剧烈振动。每次收工时要用软毛刷除去仪器上的灰尘；将仪器保存在干燥的房间内；还应定期检校、维护，提高使用效率。

发生故障时应按有关程序对故障症状进行分析、检查，视具体情况进行力所能及的检修工作。若仪器损坏较严重或者不具备维修该部件的知识、经验和设施条件的，不得随意拆卸，应送制造厂或专门部门修理。

1. 检修工作室

为使检修工作顺利开展，检修环境应洁净，可以根据仪器的精度等级、检修项目建立检修工作室。

（1）工作室不宜过大，检修与验校可以分开。要注意防灰与干燥；宜保持室温稳定，不宜急剧变化。

（2）室内照明环境良好，除尽量利用天然采光外，应配备一些不同亮度的照明灯具和可移动的照明设备，以满足检修需要。

（3）室内地面必须坚实，必要时可特制一个稳固坚实的仪器观测台，以便检校仪器时不受地面振动的影响。

（4）检修仪器的工作台，三面应加设挡板，结构要稳固，台面必须平整，宜铺设一层橡胶皮。

（5）为减少灰尘，可在工作台上加一个防尘罩，保护光学零件。

（6）工作间宜设置黑色窗帘，以便在不需天然采光时遮光。

2. 常用工具

仪器的检修通常要经过拆卸、安装和调整、检校。检修质量与检修人员的业务水平能力有关，也与检修工具的质量、完备情况和使用是否正确有关。检修工具分通用工具和专用工具，通用工具可以购置，专用工具则需自行加工特制。

通用工具，如螺钉旋具、镊子、螺纹规、玻璃罩、吹风球、玻璃缸或玻璃盒、钳子、扳手、锤子、锉刀、台虎钳、手虎钳、钢锯、手摇转、酒精灯、猪鬃牙刷、刀片、校正针等；自制工具是为了使仪器的拆装更为安全可靠，提高工效，需根据测量仪器的构造与零部件的连接方式设计。

3. 仪器检修的常用材料

（1）润滑油脂：鲸脑表油、钟表油、扩散泵硅油、全损耗系统用油、无酸凡士林油、3号润滑脂或低温脂。

油脂的主要作用是使运转部位转动灵活，保护机械零件的摩擦面尽可能少磨损、不锈蚀，起到润滑作用。一般应选用精密仪表油，保证测量仪器在野外不同的气温条件下使用时不凝结、不离析或流出，长期使用不氧化水解，不改变原有性能。

由于仪器转动的部位、间隙、转动方式及压力和速度均有所不同，应选用不同性质的润滑油，如机械零件应加稠度较大的润滑脂，而轴系应加稠度较小的全损耗系统用油。

（2）清洁剂：乙醇、乙醚、香蕉水、汽油、煤油、丙酮等。在光学零件的清洁中常采用纯度为95%的工业酒精，溶解油脂、虫胶；乙醚能溶解油脂、石蜡等是清洁光学零件中不可缺少的材料。实践证明，将13%～20%的乙醇和87%～80%的乙醚混合使用，效果更为突出。丙酮可溶解油脂、石蜡、有机胶类和硝基漆；香蕉水可溶解有机胶类和油漆类；煤油对于金属零件的除锈和油脂清洗较为有效，但通常还需再用汽油清洗一次；汽油一般采用航空汽油或洗涤汽油；对于镀铝层的表面清洁，可采用10%的中性肥皂水和90%的蒸馏水混合作为清洁液。

（3）胶类：用于光学零件的胶合剂主要有加拿大树胶、甲醇脂、冷杉树脂胶、钻石牌树脂胶等；非光学零件上的胶合剂有环氧树脂胶、万能胶、乌利当胶等。

（4）研磨剂：800号或1 000号金刚砂、309号红粉（三氧化二铁）、银粉砂纸、00号铁砂布、粗细磨石和氧化铬等。

（5）揩擦用品：丝绒布、特级脱脂棉、细漂白布、纱布、麂皮等。

此外，石膏粉用于安装水准气泡；薄铝片和锡箔纸用做衬垫用。

附录 B

测量仪器的维护与保养

正确使用测量仪器是保证观测精度和延长使用寿命的根本措施。

一、运输时的注意事项

（1）仪器装入仪器箱后，装入专供运输使用的木箱或塑料箱内，并在空隙处填入塑料泡沫、海绵等防振物。盖好木箱或塑料箱的箱盖后，锁好。

（2）如测量员亲自携带，应将仪器放在松软物品上面。如遇道路颠簸，应将仪器抱在怀里。

（3）装卸仪器时应注意轻拿轻放，箱盖向上，不准挤压。

二、使用时注意事项

（1）打开仪器箱之前，必须将其稳妥地放平。开箱取出仪器时须先记清仪器在箱内的安放位置，以便按原样放回。取出时应持握基座等坚实部分，不要提望远镜。安装仪器在三脚架上时应注意连接牢固，并使架腿高度适当，拧紧架腿螺旋。装箱时应放松各制动螺旋，装入箱内先试关一次，确认各部位放置稳妥后再适当拧紧各制动螺旋。关闭箱盖时不准强压，并锁好搭扣。

（2）仪器安置后必须有人守护，不得离开，施工现场更应注意上方有无坠物以防摔砸事故。在坚硬地段尤其特别注意，切勿将仪器靠在墙边或树上。当仪器安置在光滑的路面时，宜将三脚架尖嵌入缝隙内或用细绳、细钢丝将三脚架的三个固定螺旋拴起来。严禁在仪器箱上坐人，以防变形。

（3）操作仪器时应手轻、心细，动作柔稳。各制动螺旋应松紧适当，不可过紧，以免损坏、失灵。微动螺旋在微动卡中间一段移动，以保持微动效用。转动仪器时应先松开制动螺旋，用手轻握支架，平稳地旋转。严禁在制动螺旋固紧时强行转动仪器。如果仪器某部分呆滞难动，切勿强力扳动；如果对仪器性能有尚未了解的部件，切勿擅自操作。观测时不要用手扶压三脚架，以免影响精度。

（4）若搬站距离较远，则应将仪器装箱，并检查箱是否锁好，安全带是否系好，仪器箱提把、背带等是否牢固。若搬站距离较近、路途平坦，则可将望远镜直立、各制动螺旋微微旋紧、连接螺旋旋紧，三脚架合拢置于胸前，一手紧握基座，一手携持脚架，稳步行进。

（5）勿使仪器淋雨或受潮，以免生锈；勿使仪器骤冷骤热，不可烈日暴晒。观测时应撑伞遮阳、避雨。

（6）切勿用手指触摸镜头，以免污损。揩拭仪器镜片，不可用手帕或粗布，应先用柔软洁净的毛刷将尘沙去掉，再以镜头纸或绒布擦拭。

（7）当仪器在严寒的室外使用后携带进入温暖的室内之前，应将仪器装入仪器箱，须在进入室内半小时后才可以打开仪器箱，将仪器上的水汽擦掉晾干后再装箱。若在潮湿环境下工作，则作业结束应用软布擦干仪器表面的水分与尘土后装箱；回去后应立即开箱取出仪器放在干燥处，待彻底晾干后再装入箱内。

（8）不用滤光片时，不要将全站仪及测距仪的发射物镜和接受物镜正对太阳，以免损坏仪器内部元件。仪器使用前应确认电池有足够的电量，适时检查存储器备份电池，及时更换。

三、保管时注意事项

（1）保管仪器应有专人负责。

（2）保管仪器的地方应保持干燥，防潮防水。仪器应放置在专用的架上或柜内，安放整齐，不得倒置。

（3）保管仪器的地方不得靠近有振动设备的厂房或易燃品存放处。

（4）当电子仪器长期不用时，应定期通电驱潮，以每月一次为宜。

（5）当仪器长期不使用时，应适当地把仪器从箱中取出放在新鲜空气中晾一晾。

附录 C

施工测量放线方案实例

施工测量方案是指导施工测量的技术依据，方案编制宜包括以下内容：

① 工程概况；

② 任务要求；

③ 施工测量技术依据、测量方法和技术要求；

④ 起始依据点的检测；

⑤ 建筑物定位放线、验线与基础以及±0.000 以上施工测量；

⑥ 安全质量保证体系与具体措施；

⑦ 成果资料整理与提交。

注：根据施工测量任务的大小与复杂程度，可对上述内容简化。

建筑小区工程、大型复杂建筑物、特殊工程的施工测量方案编制，宜根据工程的实际情况增加以下内容：① 场地准备测量；② 场地控制网测量；③ 装饰与安装测量；④ 竣工测量与变形测量。

实例　大连中银大厦施工测量方案

一、工程概况

1. 工程简况

本工程位于人民路南侧，占地面积 2 900 m^2，总建筑面积 56 672 m^2，其中地下室建筑面积 4 850 m^2，标准层建筑面积 1 829 m^2，地下 2 层，地上 28 层，总高度 120 m。地下室为金库、车库、设备用房，一层为银行大厅、办公大堂，2～5 层为银行办公用房，6～28 层为写字间，塔楼部分为水箱间和电梯机房。

2. 现场情况

本工程位于市内，交通方便，但施工场地狭窄，不利于机械、现场材料的堆放布置。

3. 水文、地质、气象情况

本工程场地地下水稳定水位埋深为 11.0～12.6 m，为基岩裂隙潜水，有承压性，对混凝土无侵蚀性。地表以下 3.0～6.9 m 为杂填土，0.7～4.0 m 为粉质黏土，7.4～11.9 m 为强风化板岩。本工程持力层为强风化板岩，地基承载力设计值 F=650 kPa。

场地基本设防烈度为7度，建筑场地类别属Ⅰ类。

本地区最高气温34.4℃，最低气温–21.1℃，年平均气温10.2℃，最冷平均气温–1.4℃，最热月平均气温23.9℃；年降雨量671 mm，日最大降雨量149 mm；冬期最大冻结深度0.93 m，最大积雪厚度为0.37 m；夏季主导风向为东南风，冬季为北风，四季分明；6、7月为雨期，冬期施工为本年11月25日到次年2月25日，典型的温带海洋性气候。

4. 建筑、结构概况

本工程为钢筋混凝土框架剪力墙结构，结构抗震等级为二级，基础为筏板式基础，地下室、地上一层、屋面板和核心筒楼板为井字梁结构，其余为GBF高强薄壁管现浇混凝土空心大板，柱间梁采用扁梁。地下室混凝土强度等级为C30S6，消防水池墙体混凝土强度等级为C30S8，内筒墙体、剪力墙、柱混凝土强度等级为C50、C45、C40、C35、C30，梁、板、楼梯混凝土强度等级为 C25；柱最大截面为1 300 mm×1 300 mm，梁最大截面为650 mm×500 mm，核心筒墙体最大厚度为350 mm。

本工程外装修为玻璃、铝板组合幕墙，楼地面分别为磨光花岗岩、木地板、地砖、水泥砂浆地面，内墙刷涂料。填充墙多为加气混凝土砌块，局部为实心砖、空心砖，厚度有370 mm、240 mm、180 mm、120 mm。内窗为铝合金推拉窗，内门为实木门和防火门。本工程共有9部电梯，银行专用电梯1部，消防电梯2部，乘客电梯6部。

二、施工测量技术依据

（1）《工程测量规范》（GB 50026—2007）；

（2）《建筑施工测量技术规程》（DB11/T 446—2007）；

（3）《建筑工程资料管理规程》（DBJ 01–51—2003）；

（4）《建设工程监理规程》（DBJ 01–41—2002）；

（5）《建筑安装工程质量检验评定标准》；

（6）甲方给定的场区平面、高程测量及成果。

根据以上规范、规程关于混凝土结构的工程设计施工验收对施工测量精度的有关要求，本着“技术先进，确保质量”的原则，制定本施工测量方案，确保圆满完成本工程的施工测量任务。

三、测量仪器

（1）日本产NIKON530E全站仪，测角精度2″，测距精度±（2 mm+2 ppm·D），主要用于控制点的定位、检测，以及建筑物整体位移、垂直度的控制。

（2）瑞士产莱卡光学铅直仪，测量精度为2 mm/km，主要用于楼层控制点的引测。

（3）天津产莱特自动安平水准仪LETAL3200，测量精度为1 mm/km，主要用于楼层高程的引测及检测。

（4）激光经纬仪，测角精度±1/20 000，主要用于控制点的引测。

（5）国产苏光J2经纬仪，主要用于各楼层的轴线放样及配合铅直仪做控制点的引测工作。

（6）50 m钢尺，主要用于量距及配合水准仪引测高程。

对所有进场的仪器设备进行检校，人员进行调配；对施工测量人员进行有关的技术交底。

四、平面控制网的建立

根据建设单位提供的原始基准点 2 点和 4 点，放样图纸上外墙边线坐标点 A、B、C、D 四点。然后根据已知坐标点利用公式：$\Delta X=X+\cos\alpha$，$\Delta Y=Y+\sin\alpha$ 反算出控制线坐标。用全站仪精确放样出控制线位置，并加以保护，作为整个大厦的永久性控制点。控制点上方开预留洞，传递控制线和高程。将其中两条相互垂直的控制线延长到马路或已有建筑物的墙体上，做好标记，作为复核点。控制线位置如图 C–1 所示：

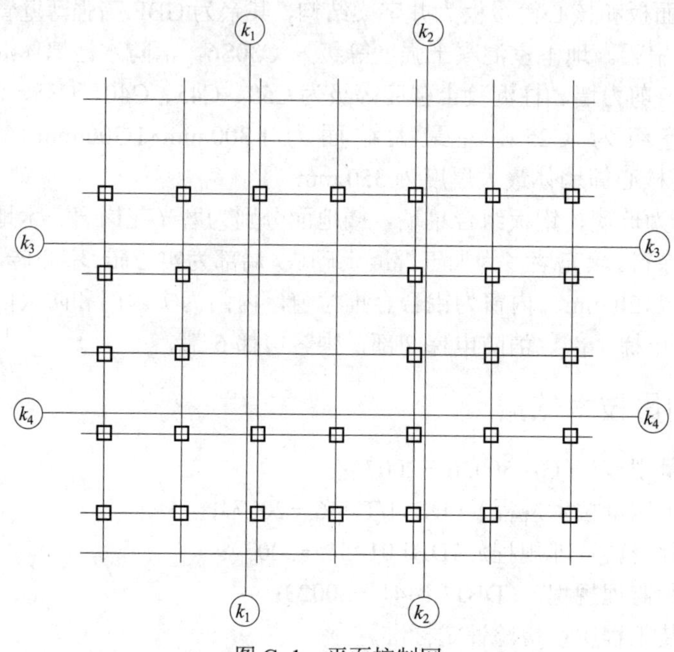

图 C–1 平面控制网

在平面控制测量中要将误差严格控制在标准允许范围内，严格遵循控制测量原则；对控制网点要做永久性保护，以便进行复核与复设，发现变化应及时进行恢复。

五、细部点详细放样

当每一层平面或每一施工段测量放线完成后，必须进行自检，自检合格及时填写楼层放线记录表、施工测量放线报验表，并报监理验线，合格后方可进行下一步施工。

1. 各楼层控制轴线的放样

把控制轴线从预留洞口引测到各楼层上，必要时可放出轴线位置。每次传递时四个控制点必须相互复核，做好记录，检查四个点之间的距离、角度，直至完全符合为止。

2. 墙、柱及模板的放样

根据控制轴线位置放样出墙、柱的位置、尺寸线，用于检查墙、柱钢筋位置，及时纠偏，利于大模板就位；在其周围放出模板线控制线，放双线控制以保证墙、柱的截面尺寸及位置。然后放出柱中线，待柱拆除模板后把此线引到柱面上，以确定上层梁的位置，如图 C–2 所示。

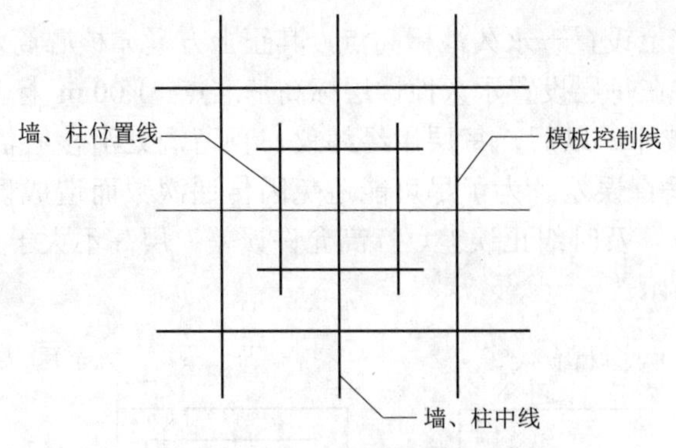

图 C–2 墙、柱及模板的放样

3. 梁、板的放样

待墙、柱拆模后进行高程传递；立即在墙、柱上用墨线弹出 +0.50 m 线，不得漏弹；再据此线向上引测出梁、板底及模板线，如图 C–3 所示。

4. 门窗、洞口的放样

在放出墙体线的同时弹出门窗洞口的平面位置；在绑好的钢筋笼上放样出窗洞口的高度，用油漆标注，放置窗洞口成型模体。外墙门窗、洞口竖向弹出通线，与平面位置校核，控制门窗、洞口位置。

5. 楼梯踏步的放样

根据楼梯踏步的设计尺寸，在实际位置两边的墙上用墨线弹出，并弹出两条梯角平行线，以便纠偏，如图 C–4 所示。

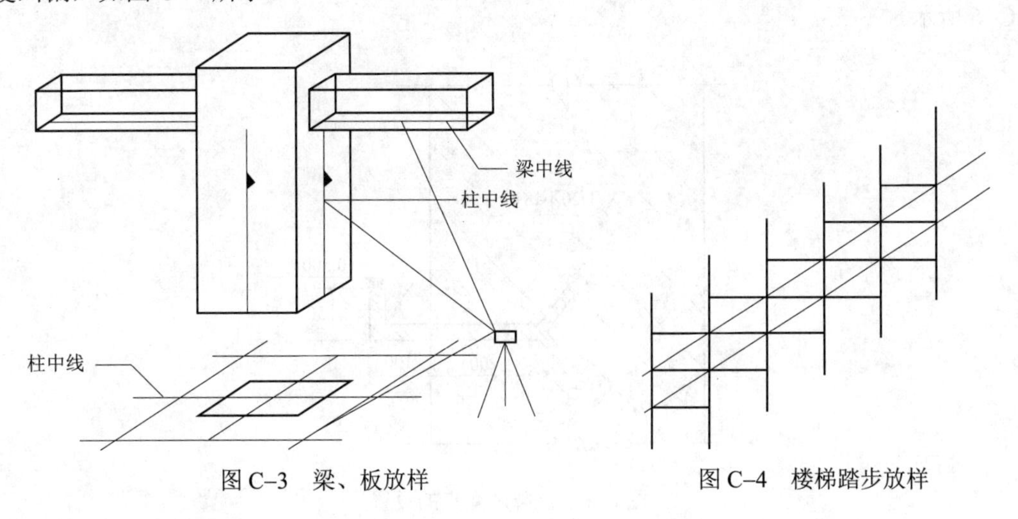

图 C–3 梁、板放样

图 C–4 楼梯踏步放样

六、高程测量

为保证建筑物竖向施工的精度要求，在现场内建立高程控制网。高程控制网的建立是根据甲方提供的水准基点（至少应提供三个），采用精密水准仪进行补设；并按闭合或附合水准路线进行复核，以此作为保证竖向精度控制的首要条件。高程控制网的精度不低于三等水准测量的精度要求。

在一层核心筒墙壁上设置一永久性标高点，其正上方紧靠核心筒留置预留洞；预留洞标高用钢尺引测上去，并在每层设置永久性楼层标高基准点+1.00 m 标高点，用红油漆标注，未经许可不得覆盖或破坏。以后，每层用经纬仪在预留洞处沿核心筒的竖向方向引一通长直线，以消除钢尺的垂直误差。为了尽可能避免因传递次数而造成误差积累，施工中高程每十层用钢尺复测一次，及时纠正误差。标高允许误差：层高不大于±10 mm，全高不大于±30 mm，如图 C–5 所示。

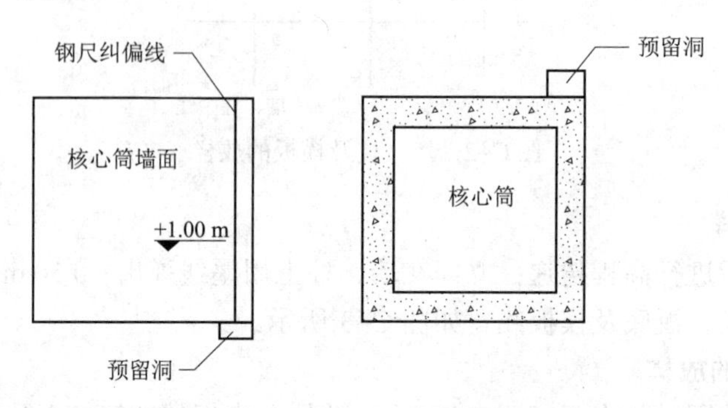

图 C–5　核心筒墙壁上永久性标高点设置

七、沉降观测

1. 观测点的布置及做法

根据图纸上观测点的位置，由专业测量单位负责观测，观测点采用浇筑后钻孔设置，如图 C–6 所示。

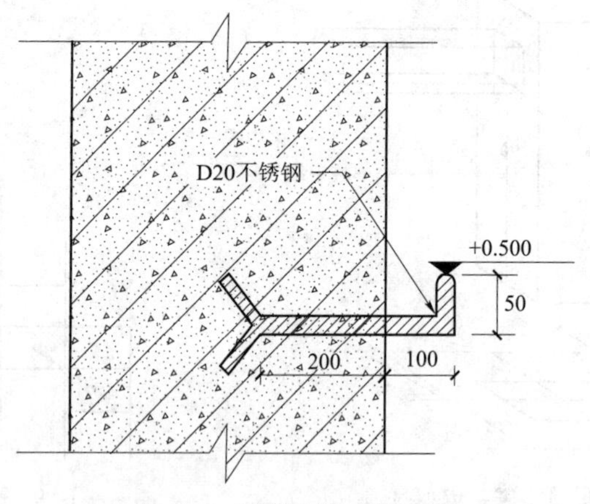

图 C–6　沉降观测点的设置

2. 沉降观测的方法

根据现场实际情况，建筑物内选择坚固稳定的地方，埋设三个水准基点，并应采取保护措施，防止冲撞引起变形；与图纸上给出的沉降观测点组成闭合水准路线，以确保观测结果的精度。沉降观测尽可能做到“四定”，即固定人员观测和整理成果，固定使用的水准仪和水准尺，固定的水准点，以及按规定的日期、方法、路线进行观测。沉降观测的时间和次数根据《地基基础施工规范》上规定，基础做好之后，每施工一层结构观测一次，主体竣工后每月观测一次，并做好每次的观测记录。依据测量数据制定统计分析表，进行统计分析。现场设置的观测点每一个月发生变动或误差及时进行数据参数修正，保证数据精确；并将观测结果绘制成表，做出正确评估后，形成书面资料提供给业主和设计单位参考。必要时可委托具有国家资格证书的测绘院，按照上述方案完成此项工作。

八、控制点、预留洞的做法

1. 控制点

待±0.000层完成后，将控制线按分段施工的要求，做四个控制点。根据控制点的位置，在底板打混凝土之前，把事先做好的200 mm×200 mm×10 mm钢板与底板钢筋牢固焊接。待混凝土彻底凝固后用全站仪精确定位，在钢板上用钻头铣点做出标记，并加以保护。未经许可不得覆盖、击打等蓄意破坏。

2. 预留洞

在控制点的正上方每层相应预留四个 300 mm×300 mm 预留洞，在紧靠核心筒一角处预留一个300 mm×300 mm洞。不用时用特制的盖子盖上加以保护，同时也防止落物。

九、安全质量保证体系与具有措施

（1）测量人员进入施工现场时首先进行安全交底，并接受项目部的安全教育活动和培训，正确佩戴安全帽等劳动保护用品。

（2）施工现场不得穿裙子、拖鞋、短裤等宽松衣物；在危险区域作业时应佩戴好安全带，并挂在安全可靠处。

（3）新到的测量工在施工现场必须遵守安全生产管理规章制度。

（4）测量人员发现安全隐患必须及时报告项目经理，项目经理做好记录并报告总承包单位及时处理。

（5）办公场所做好防火、防盗等保卫工作，避免仪器设备丢失，影响正常工作开展。

（6）施工作业之前要求测量工程师对作业人员进行安全培训，每周向测量人员进行书面安全交底，保证作业过程中的安全。

（7）交叉作业时，要有可靠的防护措施，不得伤害他人或被他人伤害。

（8）进入施工现场要求配合项目部做好各项文明施工等工作。

（9）保管好所有测量仪器及测量工具。

附录D

施工测量记录和报验用表

表 D-1 工程定位测量记录

<table>
<tr><td colspan="4">工程定位测量记录</td><td>编号</td><td></td></tr>
<tr><td colspan="2">工程名称</td><td colspan="2"></td><td>委记单位</td><td></td></tr>
<tr><td colspan="2">图纸编号</td><td colspan="2"></td><td>施测日期</td><td></td></tr>
<tr><td colspan="2">平面坐标依据</td><td colspan="2"></td><td>复测日期</td><td></td></tr>
<tr><td colspan="2">高程依据</td><td colspan="2"></td><td>使用仪器</td><td></td></tr>
<tr><td colspan="2">允许误差</td><td colspan="2"></td><td>仪器校验日期</td><td></td></tr>
<tr><td colspan="6">定位抄测示意图：</td></tr>
<tr><td colspan="6">复测结果：</td></tr>
<tr><td rowspan="3">签字栏</td><td rowspan="2">建设（监理）单位</td><td>施工（测量）单位</td><td></td><td>测量人员岗位证书号</td><td></td></tr>
<tr><td>专业技术负责人</td><td>测量负责人</td><td>复测人</td><td>施测人</td></tr>
<tr><td></td><td></td><td></td><td></td><td></td></tr>
</table>

注：本表由建设单位、监理单位、施工单位、城建档案馆各保存一份。

表D–2　施工测量放线报验表

<table>
<tr><td colspan="2">施工测量放线报验表</td><td>编号</td><td></td></tr>
<tr><td>工程名称</td><td></td><td>日期</td><td></td></tr>
<tr><td colspan="4">致＿＿＿＿＿＿＿＿＿＿（监理单位）：
我方已完成（部位）＿＿＿＿＿＿＿＿＿＿
（内容）＿＿＿＿＿＿＿＿＿＿
的测量放线，经自检合格，请予查验。
附件：1. □放线的依据材料＿＿＿＿页
2. □放线成果表＿＿＿＿页
测量员（签字）：　　岗位证书号：
查验人（签字）：　　岗位证书号：
承包单位名称：　　技术负责人（签字）：</td></tr>
<tr><td colspan="4">查验结果：

查验结论：　　□合格　　□纠错后重报
监理单位名称：　　监理工程师（签字）：　　日期：</td></tr>
</table>

注：本表由承包单位填报，建设单位、监理单位、承包单位各存一份。

表 D-3　基槽验线记录

基槽验线记录			编号	
工程名称			日期	
验线依据及内容：				
基槽平面、剖面简图：				
检查意见：				
签字栏	建设（监理）单位	施工测量单位		
		专业技术负责人	专业质检人	施测人

注：本表由建设单位、施工单位、城建档案馆各保存一份。

表 D-4　楼层平面放线记录

<table>
<tr><td colspan="2">楼层平面放线记录</td><td>编号</td><td></td></tr>
<tr><td>工程名称</td><td></td><td>日期</td><td></td></tr>
<tr><td>放线部位</td><td></td><td>放线内容</td><td></td></tr>
<tr><td colspan="4">放线依据：</td></tr>
<tr><td colspan="4">放线简图：</td></tr>
<tr><td colspan="4">检查意见：</td></tr>
</table>

<table>
<tr><td rowspan="3">签字栏</td><td rowspan="2">建设（监理）单位</td><td>施工单位</td><td></td><td></td></tr>
<tr><td>专业技术负责人</td><td>专业质检员</td><td>施测人</td></tr>
<tr><td></td><td></td><td></td><td></td></tr>
</table>

注：本表由施工单位填写并保存。

表 D–5 楼层标高抄测记录

<table>
<tr><td colspan="2">楼层标高抄测记录</td><td>编号</td><td colspan="2"></td></tr>
<tr><td>工程名称</td><td></td><td>日期</td><td colspan="2"></td></tr>
<tr><td>抄测部位</td><td></td><td>抄测内容</td><td colspan="2"></td></tr>
<tr><td colspan="5">抄测依据：</td></tr>
<tr><td colspan="5">抄测说明：</td></tr>
<tr><td colspan="5">检查意见：</td></tr>
<tr><td rowspan="3">签字栏</td><td rowspan="2">建设（监理）单位</td><td colspan="3">施工测量单位</td></tr>
<tr><td>专业技术负责人</td><td>专业质检员</td><td>施测人</td></tr>
<tr><td></td><td></td><td></td><td></td></tr>
</table>

注：本表由施工单位填写并保存。

表 D–6　建筑物垂直度、标高观测记录

<table>
<tr><td colspan="3">建筑物垂直度、标高观测记录</td><td>编号</td><td></td></tr>
<tr><td>工程名称</td><td colspan="4"></td></tr>
<tr><td>施工阶段</td><td colspan="2"></td><td>观测日期</td><td></td></tr>
<tr><td colspan="5">观测说明（附观测示意图）：</td></tr>
</table>

<table>
<tr><td colspan="2">垂直度测量（全高）</td><td colspan="2">标高测量（全高）</td></tr>
<tr><td>观测部位</td><td>实测偏差/mm</td><td>观测部位</td><td>实测偏差/mm</td></tr>
<tr><td></td><td></td><td></td><td></td></tr>
<tr><td></td><td></td><td></td><td></td></tr>
<tr><td></td><td></td><td></td><td></td></tr>
<tr><td></td><td></td><td></td><td></td></tr>
<tr><td></td><td></td><td></td><td></td></tr>
<tr><td></td><td></td><td></td><td></td></tr>
<tr><td></td><td></td><td></td><td></td></tr>
<tr><td></td><td></td><td></td><td></td></tr>
<tr><td colspan="4"></td></tr>
<tr><td colspan="4">结论：</td></tr>
</table>

<table>
<tr><td rowspan="3">签字栏</td><td rowspan="2">建设（监理）单位</td><td>施工测量单位</td><td></td><td></td></tr>
<tr><td>专业技术负责人</td><td>专业质检员</td><td>施测人</td></tr>
<tr><td></td><td></td><td></td><td></td></tr>
</table>

注：本表由施工单位填写建设单位、施工单位各保存一份。

表 D–7 施工组织设计（方案）报审表

工程名称： 编号：

<table>
<tr><td>致： （监理单位）
我方已根据施工合同的有关规定完成了____________________工程施工组织设计（方案）的编制，并经我单位上级技术负责人审查批准，请予以审查。
附：施工组织设计（方案）

承包单位（章）__________
项目经理__________
日　　期__________</td></tr>
<tr><td>专业监理工程师审查意见：

专业监理工程师__________
日　　期__________</td></tr>
<tr><td>总监理工程师审核意见：

项目监理机构__________
总监理工程师__________
日　　期__________</td></tr>
</table>

表 D–8 ________________报验申请表（GB 50319—2000）

工程名称：　　　　　　　　　　　　　　　　　　　　　　　　编号：

致：　　　　　　　　　　　　　　　（监理单位） 我单位已完成了____________________工作，现报上该工程报验申请表，请予以审查和验收。 附件：   承包单位（章）____________ 项目经理____________ 日　　期____________
审查意见：   项目监理机构____________ 总/专业监理工程师____________ 日　　期____________

附录 E

测量放线工职业技能岗位标准

一、初级测量放线工职业技能岗位标准

1. 知识要求

（1）识图的基本知识，看懂较复杂的施工图，并能审校一般建筑物平面图、立面图、剖面图的关系及尺寸。

（2）房屋构造的基本知识，一般建筑工程施工程序及对测量放线的基本要求。

（3）测量内业计算的数学知识，包括场地建筑坐标系与测量坐标系的换算，导线闭合差的计算与调整；直角坐标与极坐标的换算；角度交会法与距离交会法定位的计算；对建筑物四廓尺寸交圈进行校算。

（4）钢尺量距及测设水平距离中尺长、温度、倾斜改正计算，视距测法和计算。

（5）普通水准仪（S3）、普通经纬仪（J6、J2）的基本构造、轴线关系、用途及保养知识。

（6）水准测量的原理，基本测法、记录和闭合差的计算与调整。

（7）光电测距和激光仪器在建筑施工测量中的应用。

（8）施测中对量距、测角、水准的精度要求及产生测量误差的原因及消减方法。

2. 能力要求

（1）熟练普通水准仪和经纬仪的操作，常用测量手势、信号和旗语配合默契。

（2）用钢尺量距、测设水平距离及测设 90° 平面角。

（3）安置普通水准仪、一次精密定平、抄测水平线、设水平桩和皮数杆绘制，简单方法平整场地的施测和短距离水准点的引测，扶水准尺的要点和转点的选择。

（4）安置普通经纬仪、测设直线、延长直线和竖向投测。

（5）妥善保管、安全搬运测量仪器。

（6）打桩定点，埋设测量标志，设置龙门板、线坠吊线、撒灰线和弹墨线。

（7）进行小型、简单建筑物的定位和放线。

二、中级测量放线工职业技能岗位标准

1. 知识要求

（1）识图的基本知识，看懂并审核较复杂的施工总平面图和与测量放线有关的施工图及尺寸，大比例尺地形图的识读与应用。

（2）测量内业计算的数学知识，包括场地建筑坐标系与测量坐标系的换算，导线闭合差的计算与调整；直角坐标与极坐标的换算；角度交会法与距离交会法定位的计算；对平面多边形、圆弧形复杂建筑物四廓尺寸交圈进行校算。

（3）熟悉一般建筑结构、装修施工的程序、特点及对测量放线工作的要求。

（4）钢尺量距及测设水平距离中尺长、温度、倾斜改正计算，视距测法和计算。

（5）普通水准仪（S3）、普通经纬仪（J6、J2）的基本构造、轴线关系、检校原理和步骤。

（6）水平角与竖直角的测量原理，测角、测设角和记录。

（7）光电测距和激光仪器在建筑施工测量中的一般应用。

（8）施测中对量距、测角、水准的精度要求及产生测量误差的原因及消减方法。

（9）根据整体工程施工方案，布设场地平面控制网和高程控制网。

（10）沉降观测的基本知识和竣工总平面图的测绘。

（11）一般工程施工测量放线方案编制知识。

（12）班组管理知识。

2. 能力要求

（1）熟练掌握普通水准仪和经纬仪的操作、检校。

（2）根据施工需要进行水准点的引测、抄平、皮数杆的绘制，平整场地的施测、土方计算。

（3）经纬仪投测方向点及直角坐标法、极坐标法和交会法测量或测设点位，以及圆曲线的计算与测设。

（4）根据场地地形图或控制点进行场地布置和地下拆迁物的测定。

（5）核算红线桩坐标与其边长、夹角是否对应，并实地进行校测。

（6）根据红线桩或测量控制点，测设一般工程场地控制网或建筑主轴线。

（7）根据红线桩、场地平面控制网、建筑主轴线或按地物关系，进行建筑物定位、放线，以及从基础到各施工层上的弹线。

（8）民用建筑与工业建筑预制构件的吊装测量，多层建筑、高层建筑物的竖向控制和标高传递。

（9）场地内部道路及各种地下、架空管的定线，施工中标高、坡度的测设。

（10）实测竣工平面图。

（11）用普通水准仪进行沉降观测。

（12）制定一般工程施工测量放线方案，并组织实施。

三、高级测量放线工职业技能岗位标准

1. 知识要求

（1）看懂并审核复杂、大型或特殊工程（如超高层、钢结构、玻璃幕墙等）施工总平面图和与测量放线有关的施工图及尺寸。

（2）工程测量的基本理论知识和施工管理知识。

（3）测量误差的基本理论知识。

（4）精密水准仪、经纬仪的基本性能、构造和用法。

（5）地形图测绘的方法和步骤。

（6）在工程技术人员的指导下，进行场地方格网和小区控制网的布置、计算。
（7）建筑物变形观测的知识。
（8）工程测量的先进技术与发展趋势。
（9）预防和处理施工测量放线中质量和安全事故的方法。

2. 能力要求

（1）普通水准仪、经纬仪的一般维修。
（2）熟练运用各种工程定位方法和校测方法。
（3）场地方格网和小区控制网的测设，四等水准观测及记录。
（4）用精密水准仪、经纬仪进行沉降、位移等变形观测。
（5）推广和应用施工测量的新技术、新设备。
（6）参与编制较复杂工程的测量放线方案，并组织实施。
（7）对初、中级示范操作，传授技能，解决本职业操作技术上的疑难问题。

参 考 文 献

[1] 合肥工业大学，重庆建筑大学，天津大学，等. 测量学. 4版. 北京：中国建筑工业出版社，2000.

[2] 郝光荣. 测量员. 北京：中国建筑工业出版社，2009.

[3] 李生平. 建设部人事教育司. 测量放线工. 北京：中国建筑工业出版社，2005.

[4] 吴来瑞，邓学才. 建筑施工测量手册. 北京：中国建筑工业出版社，2000.

[5] 边境，陈代华. 测量放线工基本技术. 北京：金盾出版社，2000.

[6] 赵五一. 建筑施工放样技术. 北京：中国计划出版社，2002.

[7] 马遇. 测量放线工. 北京：机械工业出版社，2006.